D1930704

ro
ro
ro

Christoph Drösser, geboren 1958, studierte in Bonn Mathematik und Philosophie.

Er arbeitet als Redakteur bei der *Zeit,* für die er 1997 die Kolumne «Stimmt's?» ins Leben gerufen hat. Damit löste er eine bis heute ungebrochene Fragenflut aus. Im Rowohlt Taschenbuch Verlag erschienen bereits vier Bände «Stimmt's?» mit modernen Legenden im Test (rororo 60728, 60933, 61489 und 62064) sowie für clevere Kids ein «Stimmt's?»-Band und «Wie groß ist unendlich?» (rororo 21163 und 21311).

Marcus Weimer, geboren 1963, studierte an der Fachhochschule für Gestaltung in Hamburg. Als **Rattelschneck** arbeitet er gemeinsam mit **Olav Westphalen** unter anderem für *Titanic, Die Zeit, Tip Berlin, nv: The Nordic Art Review* und fürs Fernsehen. Er illustrierte bereits die ersten vier «Stimmt's?»-Bände.

Christoph Drösser

Stimmt's?

Moderne Legenden im Test – Folge 5

mit Illustrationen von Rattelschneck

Rowohlt Taschenbuch Verlag

rororo science
Lektorat Ludwig Moos

Originalausgabe
Veröffentlicht im Rowohlt Taschenbuch Verlag,
Reinbek bei Hamburg, Dezember 2007
Copyright © 2007 by Rowohlt Verlag GmbH,
Reinbek bei Hamburg
Umschlaggestaltung any.way, Barbara Hanke
(Illustration: Rattelschneck)
Satz Minion PostScript (InDesign) bei
KCS GmbH, Buchholz bei Hamburg
Druck und Bindung Clausen & Bosse, Leck
Printed in Germany
ISBN 978 3 499 62310 3

Inhalt

Vorwort

«Der durchschnittliche Deutsche besitzt nur vier Bücher» – zum Glück ist diese Legende falsch (siehe S. 145), und deshalb beglückwünsche ich Sie zum Kauf des fünften «Stimmt's»-Bandes!

Im Mai 2007 konnte ich ein besonderes Jubiläum feiern: In der *Zeit* erschien die 500. Folge von «Stimmt's?». Im Juni war der zehnte Geburtstag dran. Während ich in der *Zeit* immer auf Leserbriefe antworte, suche ich mir für die wochentägliche «Stimmt's?»-Radiofrage auf Radio Eins (RBB) die Themen selbst aus, schon weit über 1000-mal. Und es stimmt, dass es oft schwieriger ist, die Frage zu finden als die Antwort darauf …

In diesem Buch nehme ich zum ersten Mal ein Urteil zurück und beantworte die Frage mit «stimmt» statt «stimmt nicht». Und zwar nicht, weil ich mich bei der ursprünglichen Antwort (sie stand im ersten Band) geirrt hätte, sondern weil sich inzwischen die Sachlage geändert hat. Es geht darum, ob ein Mensch mit seiner Stimme ein Glas zersingen kann. Das Kunststück wurde in einer amerikanischen Fernsehsendung demonstriert (siehe Seite 99), und ich habe keinen Grund, an den Fähigkeiten des stimmgewaltigen Rocksängers zu zweifeln. Das Beispiel zeigt auch: Wie in der Wissenschaft, so sind auch bei den «Stimmt's»-Fragen die Antworten grundsätzlich vorläufig. Eine neue Datenlage kann alte Wahrheiten umstürzen – das gilt für die ganz großen wissenschaftlichen Themen, aber eben auch für die eher beiläufigen «Stimmt's»-Geschichten.

Hamburg, im Sommer 2007
Christoph Drösser

In Island gibt es eine staatliche Elfenbeauftragte

Stimmt. Sie heißt Erla Stefánsdóttir und arbeitet für das Bauamt in der Hauptstadt Reykjavík, und sie fühlt sich nicht nur für Elfen, sondern auch für Trolle, Gnome und anderes Huldofólk zuständig – so nennen die Isländer die für den Normalsterblichen unsichtbaren Wesen. Frau Erla, die ansonsten als Klavierlehrerin arbeitet, hat eine «Landkarte der verborgenen Welt» erstellt, und bei größeren Bauvorhaben wird sie um ihre Meinung gefragt. Sie hat auch einige Pläne schon per Veto verhindert oder verändert: Der Elfenhügelweg zwischen Reykjavík und Kópavogur macht einen Bogen um einen angeblich von Elfen bewohnten Hügel; man wollte die Ruhe der Fabelwesen nicht stören, die sich wohl von Bau- und Verkehrslärm belästigt fühlen. In der Stadt Grundarfjörður blieb zwischen zwei Häusern ein von Fantasiewesen bewohnter Fels stehen und bekam sogar die Hausnummer 84.

Die Isländer sind zwar zu über 95 Prozent Christen, aber sie wurden spät missioniert, um das Jahr 1000. Und offenbar haben die Missionare auf die Bewohner der entlegenen Insel nicht restlos überzeugend gewirkt. Jedenfalls hält sich parallel zur christlichen Lehre der Glaube an Naturgeister. In Umfragen bekennt sich mehr als die Hälfte des Inselvolks dazu. Die protestantische Staatskirche protestiert manchmal, wenn der Aberglaube gar zu hohe Wellen schlägt, aber das schert die Leute anscheinend wenig.

Natürlich kann man davon ausgehen, dass die offiziellen Stellen in der Elfenbeauftragten auch eine folkloristische Einrichtung zur Förderung des Fremdenverkehrs sehen. So man-

SO, HERR KOBOLD! IN DER STADT KUCKEN STÄNDIG TOURISTEN IN IHRE WOHNUNG IM FANTASIE-WESENFELS. DESHALB WOLLEN SIE IN DEN ELFENHÜGEL AUF DEM LAND UMZIEHEN?
ELFEN-BEAUF-TRAGTE
"UMZUGSGELD" KANN ICH BEWILLIGEN, ABER "GARDINENGELD" ENTFÄLLT.

cher Tourist bringt eine Elfenkarte als Souvenir mit nach Hause. Frau Erla, die auch ein Buch über Elfen und Trolle veröffentlicht hat, glaubt allerdings fest an die «feinstofflichen» Wesen, sie kann sie sehen und mit ihnen reden. Und selbstverständlich kennt sie sich auch mit Wasseradern und Erdstrahlen aus, die ein Bauvorhaben beeinträchtigen könnten.

Man kann auch ausgeschaltete Handys abhören

Stimmt. Ein eingeschaltetes Handy ist leicht zu orten – es hält Kontakt mit den nächstgelegenen Funkmasten, so weiß der Netzbetreiber stets, in welcher Funkzelle sich das Gerät befindet. Das heißt in dichtbesiedelten Gebieten: bis auf 50 oder 100 Meter genau.

Aber geht das auch, wenn das Gerät ausgeschaltet ist und sich nicht mehr aktiv im Netz anmeldet? Der Aus-Schalter in modernen Mobiltelefonen tut längst nicht mehr das, was wir uns darunter vorstellen – nämlich sämtliche Aktivitäten des Geräts unterbrechen. Das kann man zum Beispiel daran sehen, dass man sich von den meisten Handys wecken lassen kann, auch wenn das Gerät ausgeschaltet ist. Zur gewünschten Weckzeit erwacht das scheintote Telefon plötzlich zum Leben und beginnt zu piepsen.

Das unmanipulierte Handy des Durchschnittsbenutzers ist in diesem Schlummerzustand abhörsicher. Damit das Gerät nur so tut, als ob es aus wäre, in Wirklichkeit aber sendet, muss seine Software manipuliert werden. Das ist prinzipiell möglich, sogar ohne dass der Abhörende das Handy in die Finger bekommt. Manche modernen Geräte – Sicherheitsexperten erwähnen vor allem das Modell Razr von Motorola und die 900er-Serie von Samsung – erlauben eine Aktualisierung der Software über das Netz. Eigentlich als Möglichkeit zur Fernwartung gedacht, können prinzipiell auch ungebetene Zuhörer auf diesem Weg ein Mobiltelefon zu einer Wanze umfunktionieren. Anfang Dezember wurde im Rahmen eines Prozesses gegen zwei New Yorker Mafiaverdächtige bekannt, dass das amerikanische FBI offenbar diese Methode genutzt hat, um die Beschuldigten abzuhören. Eine Bestätigung dafür ist von den Berufsspionen natürlich nicht zu bekommen, und auch Handyhersteller und Netzbetreiber hüllen sich in vielsagendes Schweigen.

Wer wirklich absolut sicher sein will vor ungebetenen Mithörern, der hält sich an die Vorschrift, die in Vorstandsetagen oder Kabinettsrunden bei wichtigen Besprechungen gilt: Da müssen die Teilnehmer ihre Handys nicht nur ausschalten, sondern auch den Akku herausnehmen. Dann geht wirklich nichts mehr.

Haie können keinen Krebs bekommen

Stimmt nicht. Die Behauptung, dass Haie keinen Krebs bekommen können, ist die Grundlage für einen schwunghaften Handel mit «Nahrungsergänzungsmitteln» aus Haiknorpeln. Für die darf man nicht mit Slogans wie «schützt vor Krebs» werben – das wäre eine medizinische Behauptung, und das Pülverchen unterläge dann viel strengeren Regeln. Trotzdem ist die erwünschte Assoziation: Der Fisch kriegt keinen Krebs, also schützt das Pulver den Menschen vor der bösen Krankheit.

Es gibt an der George Washington University in St. Louis ein Krebsregister der niederen Tierarten. Dort wird penibel verzeichnet, welche Krebsarten die unterschiedlichen Tiere bekommen können. Für Haie sind dort unter anderem Tumore im Hirn, in den Nieren, in Hoden und Haut verzeichnet – und sogar Knorpelsarkome sind belegt. Zwar kommt die Krankheit weniger häufig vor als bei anderen Fischarten, aber von Immunität kann keine Rede sein.

Eine andere Frage ist, ob der zermahlene Haifischknorpel bei menschlichen Krebspatienten irgendwelche positiven Wirkungen hat. Das ist sogar schon in mehreren klinischen Studien untersucht worden, unter anderem von Forschern der Mayo Clinic in Rochester, die ihre Ergebnisse im Fachblatt *Cancer* veröffentlicht haben. Die Doppelblindstudie an 85 Probanden erbrachte keinen Unterschied in der Wirkung von Haifischpulver und Placebo. Das Knorpelpräparat löste aber bei einigen Patienten Unwohlsein aus. Dies ist allerdings nicht die einzige erwiesene «Nebenwirkung» der Pseudomedizin: Sie trägt zur Gefährdung der Haibestände bei. Einige Arten stehen auf der Roten Liste der bedrohten Tierarten.

BEI HAIHODENKREBS BIN ICH FROH, DASS ICH HIER UNTEN OPERIERE.

BEI HAIHIRNTUMOR, DASS ER AUF DEM BAUCH LIEGT.

Eine Anekdote am Rande ist, dass sich ausgerechnet Bayer 04 Leverkusen, die Fußballmannschaft des eigentlich mit wissenschaftlichen Methoden forschenden Pharmakonzerns, auf seiner Website für das Alternativpulver aus dem Knorpel des Haifischs starkmacht.

Sportler schwitzen mehr als untrainierte Menschen

Stimmt. Oft liest man, dass Sportler über mehr Schweißdrüsen verfügten als untrainierte Menschen. Das ist Unsinn, die Zahl der Schweißdrüsen eines Menschen liegt im Alter von etwa drei Jahren fest. Es sind zwischen zwei und vier Millionen, es gibt also durchaus genetische Unterschiede.

Sportler müssen jedoch keine neuen Schweißdrüsen bilden, um mehr schwitzen zu können, es reicht, wenn die vorhandenen Drüsen mehr Schweiß abgeben. Beim Krafttraining bekommen Sie ja auch keine neuen Muskeln, die vorhandenen werden nur kräftiger. Und es kommt auf die Zahl der aktiven Schweißdrüsen an. Bei Anstrengung schaltet der Körper die Drüsen nacheinander ein. Bei einem trainierten Sportler werden nicht nur mehr Drüsen aktiv, sie fangen auch früher an, Schweiß abzusondern, weil sie durch das Training gelernt haben, dass gleich eine starke Erhöhung der Körpertemperatur zu erwarten ist. So kann ein trainierter Sportler im Wettkampf zwei bis drei Liter Schweiß produzieren, der Normalmensch schafft auch bei höchster Anstrengung nur knapp einen.

Auf diese Weise kann die scheinbar paradoxe Situation entstehen, dass bei gleicher Tätigkeit der Sportler früher zu schwitzen beginnt als der Untrainierte. Das bedeutet eben nicht, dass er sich mehr anstrengt, es ist nur die Fähigkeit seines Körpers, sich auf eine bevorstehende Höchstleistung einzustellen.

Feldsteine wachsen im Frühjahr aus dem Acker

Stimmt. Jeder Bauer kann das Phänomen bestätigen. Aber wie schaffen es diese Brocken, sich scheinbar gegen die Schwerkraft nach oben zu bewegen?

Ich habe als Erstes an den «Paranuss-Effekt» gedacht, der in der Müslidose dafür sorgt, dass die großen Nüsse immer ganz oben liegen. Aber dieses Phänomen (das den Physikern bis heute Kopfzerbrechen bereitet) entsteht durch Schütteln – und der Boden eines Feldes wird ja wenig durcheinandergerüttelt.

Es gibt zwei Hauptursachen für die scheinbar «wachsenden» Steine: Eine ist der Bauer selbst, der durch das Pflügen Steine aus den Oberflächenschichten des Ackers ans Tageslicht bringt. Im Herbst, wenn das Feld gepflügt wird, sieht man davon noch nicht so viel, weil die Steine aussehen wie Erdklumpen. Erst durch die Regenfälle der folgenden Monate werden sie blank gewaschen und sind so im Frühjahr gut sichtbar.

Aber woher kommt der stetige Nachschub an Steinen, auch wenn der Bauer sie einmal im Jahr mühsam aufsammelt und Mäuerchen daraus baut? Das ist ein Effekt des Frosts. Steine leiten die Temperatur viel besser als lockeres Erdreich. Wenn die Kälte in den Boden kriecht, dann leiten Steine sie schnell nach unten. Unter einem Stein bildet sich so eine gefrorene Schicht, und da sich Wasser beim Gefrieren ausdehnt, wirkt ein Druck auf den Stein – das direkt darüberliegende, noch nicht gefrorene Erdreich gibt nach, der Stein rückt nach oben. Beim Auftauen sackt er nicht wieder zurück, weil sich eventuelle Hohlräume schnell mit Erde füllen. Und der Pflug befördert ihn dann endgültig ans Licht.

Die so genannte Pedoturbation, das ist in der Fachsprache die Verlagerung und Vermischung von Gesteinsschichten, kann in Gegenden mit starkem Frost so extrem sein, dass die Steine sogar nach ihrer Größe geschichtet werden – so als hätte jemand sie von Hand sortiert.

Das Lied «Happy Birthday» ist urheberrechtlich geschützt

Stimmt. Das Lied «Happy Birthday to You» hieß ursprünglich «Good Morning to All». Im Jahr 1893 wurde es von zwei Erzieherinnen geschrieben, den Schwestern Mildred und Patty Hill aus Louisville in Kentucky, die das Lied morgens mit den Kindern in ihrem Kindergarten sangen. Der Ursprung des Geburtstagstextes liegt im Dunkeln. Er tauchte 1924 das erste Mal in gedruckter Form auf.

Eine dritte Hill-Schwester, Jessica, führte Anfang der dreißiger Jahre einen Prozess gegen die Verwendung des Liedes in einem Broadway-Musical. Zusammen mit einem Musikverlag, der Clayton F. Summy Company, sicherte sie sich im Jahr 1935 das Copyright für das Stück und veröffentlichte es. Damit war die Kombination von Melodie und Text geschützt («Good Morning to All» darf dagegen jeder singen). Das Urheberrecht ist indes kompliziert und von Land zu Land verschieden. In den USA galt es damals für maximal 56 Jahre nach der Erstveröffentlichung. Diese Frist wurde jedoch immer wieder verlängert und beträgt heute 95 Jahre – also ist das Geburtstagslied bis 2030 geschützt. In Europa dagegen ist die gängige Frist 70 Jahre nach dem Tod des letzten Urhebers. Da Patty Hill 1946 starb, gilt der Schutz noch bis 2016. Der Musikverlag ist inzwischen im Konzern AOL Time Warner aufgegangen. Den Erben und dem Verlag bringt das Lied heute noch etwa zwei Millionen Dollar pro Jahr ein. Wenn es in einem Film gesungen wird, kann der Zuschauer sicher sein, dass es im Abspann erwähnt wird – und dass für die Verwendung des Lieds Tantiemen geflossen sind.

Trotzdem darf man im Familienkreis weiterhin «Happy

HAPPY BIRTHDAY TO YOU LIEBES COPYRIGHT FÜR DAS LIED „HAPPY BIRTHDAY", HAPPY BIRTHDAY TO YOUUU
US COPYRIGHT 1935 – 2030
COPYRIGHT EUROPA 1935 – 2016
BEI DER TORTE SINGT ER BESONDERS SCHÖN, WEIL DAS GEBURTSTAGSLIED URHEBERRECHTLICH LÄNGER GESCHÜTZT IST.

Birthday» singen – der Schutz bezieht sich auf die kommerzielle Verwertung und die öffentliche Aufführung. Grenzwertig ist es, wenn etwa in einer öffentlich zugänglichen Kneipe ein spontanes Ständchen gegeben wird – aber wo kein Kläger ist, ist auch kein Richter.

Man muss heute die Autos noch einfahren

Stimmt bedingt. Früher war das Einfahren eines Neuwagens ein absolutes Muss. Die Hersteller schrieben Höchstdrehzahlen für jeden einzelnen Gang vor, der Motor bekam ein spezielles Einfahröl, das nach 1000 Kilometern gewechselt werden musste – es enthielt dann eine Menge Metallpartikel, die beim ersten Rendezvous von Kolben und Zylindern abgehobelt worden waren.

Diese Zeiten sind passé. Heute ist ein neuer Wagen, auch wenn er nur ein paar Kilometer auf dem Werksgelände bewegt wurde, durchaus von der ersten Minute an belastbar. Das liegt daran, dass die Teile heute besser zueinander passen. Die Toleranzen der Oberflächen sind erheblich geringer. Außerdem hat die «Tribologie», das ist die Lehre von der Reibung, in den letzten Jahrzehnten bessere Öle hervorgebracht, betont Edith Meißner von der Firma Daimler.

Ihr Kollege Harthmuth Hoffmann von Volkswagen stimmt dem grundsätzlich zu. Allerdings gelte auch heute noch: «Zylinder und Kolben müssen einander kennenlernen.» Der Rat für Neuwagenbesitzer: Um lange Freude an ihrem Auto zu haben, sollten sie es auf den ersten 1000 Kilometern ruhig angehen lassen. Das heißt: den Wagen im mittleren Drehzahlbereich bewegen, auch bei schneller Beschleunigung das Gaspedal nur bis zu drei Viertel der maximalen Drehzahl treten. Ein ähnlicher Kennenlernprozess findet übrigens zwischen Bremsbelägen und Bremsscheiben statt, und auch die Reifen haben erst nach einigen Kilometern den optimalen Griff.

Eigentlich gilt das mit dem Einfahren sogar autolebenslänglich: Bei jeder Fahrt sollte man den Motor erst dann voll belasten, wenn er gut warm gelaufen ist.

RENDEZVOUS VON KOLBEN UND ZYLINDER

Potemkin baute «Potemkin'sche Dörfer»

Stimmt nicht. Von Potemkin'schen Dörfern spricht man, wenn jemand eine eigentlich dürftige Sache mit einer prunkvollen Scheinfassade schmückt. Benannt nach dem russischen Fürsten Potemkin, der Katharina der Großen auf einer Reise in die Provinz Dörfer mit Pappfassaden vorgeführt haben soll. Der Fürst («Potjomkin» ausgesprochen) war ein Günstling am Hof von Katharina, wohl auch einige Jahre ihr Liebhaber. Er wurde von der Zarin damit betraut, die eroberten Gebiete im Süden der Ukraine und auf der Krim zu besiedeln, und er hat den Job zwar auf recht brutale Weise, aber mit eindrucksvollem Ergebnis erfüllt: Er ließ in dem bis dahin ländlichen Gebiet innerhalb weniger Jahre Städte wie Cherson und Sewastopol errichten und verschaffte dem Zarenreich damit einen Hafen am Schwarzen Meer. Auch die russische Schwarzmeerflotte ist sein Werk – er brauchte wahrlich keine Scheinfassaden als Arbeitsnachweis. Allerdings war er auch herrschsüchtig und verschwenderisch und bereicherte sich selbst gehörig. Und so ist es nicht verwunderlich, dass er viele Neider hatte.

Die berühmte Reise der Zarin fand im Jahr 1787 statt, zu ihrem 25. Thronjubiläum. Katharina wollte die neurussischen Städte nicht nur mit eigenen Augen sehen, sondern auch den europäischen Nachbarn das neue Russland präsentieren. Auf der Schiffsreise waren Vertreter aller europäischen Mächte dabei. Sicher wurden die Städte herausgeputzt und auch Massenaufläufe inszeniert, aber von Pappfassaden und jubelnden Bauern, die von Dorf zu Dorf gekarrt wurden, kann keine Rede sein, darin stimmen die Historiker überein.

Urheber der Legende ist der sächsische Gesandte in St.

Petersburg, Georg von Helbig. Der war bei dem Ausflug selbst gar nicht dabei, veröffentlichte aber zwischen 1797 und 1800 eine Potemkin-Biographie, in der erstmals von den Potemkin'-schen Dörfern die Rede ist. Wahrscheinlich hat er die Sache von Potemkin-Widersachern am Zarenhof aufgeschnappt. Und da von Gerüchten immer etwas hängenbleibt, erzählt man sich die Geschichte heute noch.

Schlafwandler soll man nicht aufwecken

Stimmt. Zwar ist der «Schock» beim Aufwachen nicht tödlich, wie manche meinen (höchstens dann, wenn der Schlafwandler zum Beispiel an einem offenen Fenster steht oder am oberen Ende einer Treppe Gefahr läuft, vor Schreck herunterzufallen). Trotzdem raten die meisten Schlafforscher dazu, nicht zu versuchen, Schlafwandler aufzuwecken, um sie von ihrem nächtlichen Treiben abzubringen.

Ein Fünftel aller Kinder wandelt gelegentlich im Schlaf – bis zum Erwachsenenalter reduziert sich diese Quote auf etwa ein Prozent. Schlafwandler befinden sich im Tiefschlaf, deshalb ist es ohnehin schwierig, sie zu wecken. Gelingt es, dann reagiert der Betroffene verwirrt, er weiß meist nicht, wo er sich befindet und wie er in die eventuell peinliche Lage geraten ist.

Somnambule Menschen bewegen sich nicht mit «schlafwandlerischer» Sicherheit – sie folgen oft einer Lichtquelle (früher war das vor allem der Mond) und gehen dabei stur geradeaus, ohne auf Hindernisse oder Abgründe zu achten. Das Ziel beim Umgang mit dem Nachtwandler sollte sein, ihn behutsam dazu zu bringen, ins Bett zurückzukehren und dort weiterzuschlafen. Am besten greift man den Schlafwandler sanft am Arm und dirigiert ihn an Hindernissen vorbei zum Schlafzimmer. Wenn er sich wehrt, weil er meint, eine bestimmte Aufgabe erfüllen zu müssen, etwa die Wohnung zu putzen, kann es hilfreich sein, auf diese Vorstellung (scheinbar) einzugehen. Mit manchen Schlafwandlern kann man darüber reden, diskutieren ist allerdings meist zwecklos. Und am nächsten Morgen haben sie in der Regel vergessen, was in der Nacht vorgefallen ist.

SIE GEHT GASSI, ER HARKT... ES IST JA SCHON BEI EINEM SCHLAFWANDLER SCHWER, IHN VON DER SINNLOSIGKEIT SEINES TUNS ZU ÜBERZEUGEN UND WIEDER INS BETT ZU KRIEGEN...
ICH ZIEHE HIER WEG.

Milben sterben in der Gefriertruhe

Stimmt. Hausstaubmilben reagieren erstaunlich empfindlich auf ungünstige Umweltbedingungen. Sie brauchen eine Luftfeuchtigkeit von mindestens 60 Prozent, um sich zu vermehren. Sie sind auf einen ständigen Nachschub an menschlichen Hautschuppen angewiesen – selbst die müssen noch von einer bestimmten Schimmelpilzart vorverdaut werden. Und auch für extreme Temperaturen sind die Spinnentierchen sehr anfällig: Eisige Kälte macht ihnen den Garaus.

Allerdings müssen die Milben bis ins Zentrum ihres kleinen Körpers auf die minus 18 Grad des Eisfachs heruntergekühlt sein. Will man Textilien von den Biestern befreien, sollte man sie daher über Nacht im Gefrierschrank lassen. Und weil die meisten Allergene im Kot der Tiere stecken, sollten Stofftiere oder Bettwäsche nachher noch in die Waschmaschine.

Eine solche Kur hilft natürlich nur gegen einen Bruchteil der Plagegeister. «Wer Probleme mit Hausstaubmilben hat, wird sie allein auf diese Weise nicht los», sagt Michael Welling vom Sekretariat der Bundesforschungsanstalten, «denn ein komplettes Schlafzimmer passt meist nicht ins Eisfach.» Zwei Drittel der Milben sitzen in Matratzen und Bettdecken. Außerdem nisten sich bei günstigen Umweltbedingungen schnell wieder neue Hausstaubmilben ein. Dauerhaft reduzieren lässt sich die Zahl der Tierchen nur, indem man ein trockenes Raumklima schafft. Zuvor müssen Betten, Polster und Teppiche gründlich gereinigt werden.

Gut dran sind übrigens die Besitzer einer Heimsauna: Auch bei Temperaturen über 60 Grad sind Hausstaubmilben nach spätestens zwei Stunden tot.

An der Bauchform einer Schwangeren kann man das Geschlecht des Babys erkennen

Stimmt nicht. Auch in Zeiten von Ultraschall und Fruchtwasseruntersuchung möchten viele werdende Elternpaare sich die Überraschung, ob es nun ein Junge oder ein Mädchen wird, bis zum Schluss bewahren und müssen dafür die Spekulationen von Freunden und Verwandten über sich ergehen lassen, die dann allerlei Volksweisheiten in petto haben. Aber das mit der Bauchform ist nicht nur offensichtlicher Humbug – es ist sogar wissenschaftlich untersucht und als Humbug enttarnt worden.

1999 befragten Deborah Perry und ihr Team von der amerikanischen Johns Hopkins University 104 schwangere Frauen, die noch nichts über das Geschlecht ihres Kindes wussten, nach ihren Vorahnungen und veröffentlichten das Ergebnis in der Zeitschrift *Birth.* Die Forscher untersuchten dabei auch die Legende von der Bauchform (nach einer anderen Version bergen hoch sitzende Schwangerschaftsbäuche ein Mädchen, tief sitzende einen Jungen). Das Ergebnis: Es bestand nicht der geringste statistische Zusammenhang.

Interessant waren aber einige andere Ergebnisse der Studie: 71 Prozent der besser gebildeten werdenden Mütter (mindestens zwölf Jahre Schulausbildung) konnten das Geschlecht ihres Babys korrekt vorhersagen, bei den weniger gebildeten waren es nur 43 Prozent. Und sogar bei Prognosen aufgrund von Träumen und unbestimmten Ahnungen war die Trefferquote höher, als wenn sich die Schwangeren auf Mythen wie den von der Bauchform verließen.

Blitzlichtaufnahmen im Museum schaden den Gemälden

Stimmt nicht. Es gibt einige Gründe, das Fotografieren in Museen zu reglementieren: Bei jüngeren Kunstwerken drohen Urheberrechtsprobleme, andere Besucher könnten sich durch das Hantieren mit Kameras und insbesondere durch Blitze gestört fühlen, und schließlich will auch der Museumsshop Postkarten verkaufen. Das wird gern damit begründet, dass die Kunst durch den Blitz Schaden nimmt – aber das ist Unfug.

Zunächst einmal: Licht lässt alle Farbstoffe ausbleichen. Das merkt jeder, der Wäsche zu lange in der Sonne trocknen lässt oder einen alten Kassenbon kaum noch lesen kann. Museen müssen immer einen Kompromiss finden zwischen dem Schutz der Bilder vor Licht und dem Interesse der Besucher, die möglichst viel sehen wollen.

Grundsätzlich ist der Effekt des Lichts auf die Farbstoffe kumulativ: Je mehr Licht auf ein Bild fällt, desto größer ist der Schaden. Das hellere Blitzlicht ist nicht per se schädlicher als das Tages- oder Kunstlicht im Raum, es kommt auf die Gesamtdosis der Photonen an.

Kunstexperten haben die Wirkung des Tages- und Blitzlichts auf Kunstwerke geschätzt, es gibt sogar ein Buch darüber: «Effects of Light on Materials in Collections: Data on Photoflash and Related Sources» von Terry Schaeffer vom Getty Conservation Institute. Grob zusammengefasst: Vom Blitz einer Amateurkamera fallen in einer tausendstel Sekunde etwa so viele Photonen auf ein Bild wie sonst in einer Sekunde bei recht schummriger Beleuchtung.

Werden von einem berühmten Gemälde täglich 300 Blitz-

BLITZAUFNAHMEN PRO TAG
300
000
STOP!
VON DIESEM BERÜHMTEN GEMÄLDE DÜRFEN NUR 300 BLITZ-AUFNAHMEN PRO TAG GEMACHT WERDEN. BITTE NUR NOCH WENIGER BERÜHMTE HEUTE.

aufnahmen gemacht, dann ist die Wirkung dieselbe, als wenn man das Licht im Museum fünf Minuten länger brennen ließe. Also praktisch zu vernachlässigen. Viel wirksamer als ein Blitzverbot ist die sorgfältige Einstellung der Beleuchtung im Museum.

Grünkohl soll man bis zum ersten Frost auf dem Feld lassen, weil er dann süßer schmeckt

Stimmt nicht. Oft liest man über den Grünkohl, dass der Nachtfrost die Stärke in seinen Blättern in Zucker verwandele und ihm so einen angenehmeren Geschmack verleihe. Wenn das so wäre, spräche natürlich nichts dagegen, dem Kohl in der Kühltruhe den Kälteschock zu verpassen, das Ergebnis müsste dasselbe sein.

Aber es ist nicht der Frost, der die langen Stärkemolekülketten in ihre zuckrigen Bestandteile zerlegt. Das erledigen Enzyme in der Pflanze. Außerdem ist im reifen Grünkohl kaum noch Stärke enthalten, die sich so umwandeln ließe.

Der geheimnisvolle Mechanismus, der den Kohl bei Kälte süßer macht, sei ein anderer, erklärt Monika Schreiner vom Institut für Gemüse- und Zierpflanzenbau in Großbeeren. Wenn es kalt wird auf dem Acker – Frost ist gar nicht unbedingt erforderlich –, werden die Stoffwechselvorgänge in der Pflanze langsamer. Der Kohl verbraucht weniger von seinem Treibstoff, dem Zucker. Insbesondere wird das Enzym Phosphofruktokinase stark gehemmt. Gleichzeitig läuft aber die Zucker bildende Photosynthese weiter. So wird die Pflanze insgesamt süßer.

Diese Glukose-Anreicherung kann jedoch nur funktionieren, solange der Kohl lebt. Ist er einmal gepflückt, kommt die Photosynthese zum Erliegen, und kein Frost macht ihn mehr süßer. Trotzdem ist auch Tiefkühlkohl genießbar – die Hersteller wählen dafür Sorten, die von vornherein über einen hohen Zuckeranteil verfügen.

Bei Hochzeiten soll man keinen Reis werfen, weil das gefährlich für die Tauben ist

Stimmt nicht. Der Mythos sagt, die Reiskörner würden im Körper der Vögel aufquellen, und die Tiere stürben dann qualvoll. Die Befürchtung ist völlig aus der Luft gegriffen. Viele Vögel fressen Reis in der freien Natur, etwa Wildgänse, die sich auf ihrer langen Wanderschaft auf Reisfeldern den Magen vollschlagen. Die Reiskörner dort unterscheiden sich prinzipiell nicht von denen, die wir im Supermarkt kaufen. Zwar stimmt es, dass Reiskörner ihr Volumen verdoppeln können, wenn sie feucht werden. Aber das passiert auch in der Natur, und Vögelmägen sind offenbar flexibel.

Trotzdem gibt es natürlich Gründe, von dem Brauch abzusehen. So haben manche Leute etwas dagegen, dass man mit Essen um sich wirft. Vor allem aber wirken Reiskörner am Boden wie kleine Kugellager, auf denen Menschen leicht ausrutschen können. Und Brautpaar und Gäste sollen ja noch heil zur Hochzeitsparty kommen.

Früher hatten Obst und Gemüse viel mehr Vitamine und Nährstoffe als heute

Stimmt nicht. Teilweise wird sogar behauptet, Obst und Gemüse hätten seit den siebziger Jahren 70 Prozent ihres Mineralstoff- und Vitamingehalts eingebüßt.

Der Mineralstoffgehalt wird maßgeblich durch die Biomasse festgelegt, sagt Günter Schumann, der bei der Bundesanstalt für Züchtungsforschung an Kulturpflanzen das Institut für gartenbauliche Kulturen leitet. Mehr Biomasse bedeutet mehr Mineralstoffe, und das ist relativ unabhängig davon, wie das Gemüse angebaut wird. Wie sieht es mit den Vitaminen aus? «Der Vitamingehalt von Pflanzen ist eng an die allgemeinen Wachstumsbedingungen gekoppelt», sagt Schumann. Also: Licht, Nährstoffe, Wasserversorgung sind die Faktoren, die den Vitamingehalt bestimmen.

Beispiel Tomate: Die ideale Frucht reift an der Pflanze auf einem guten Boden, kriegt dort viel Licht und nicht zu viel Wasser ab. Dann bildet sie viel Zucker und schmeckt so richtig nach Tomate, vor allem, wenn sie unmittelbar nach der Ernte verzehrt wird. Das geht in unseren Breiten nur im Sommer. Wir wollen aber das ganze Jahr über Tomaten essen, deshalb bekommen wir im Winter entweder Treibhausware oder unreif geerntetes Gemüse, das einen langen Transportweg hinter sich hat. Beides ist nicht gut für die Inhaltsstoffe und für den Geschmack, die Tomate ist Wasser in seiner schönsten Form. Im Winter kann man eben in Europa keine vollreifen Tomaten produzieren.

Es wurden auch schon Untersuchungen durchgeführt, um die Geschichte von den sinkenden inneren Werten zu überprüfen. Das ist gar nicht so einfach, weil die Messmethoden heute

AH! VERKLÄRTE ERINNERUNG AN DIE "GUTE ALTE ZEIT", ALS NOCH NICHT JEDER OBST UND GEMÜSE EINFACH ANFASSEN DURFTE. DA SCHMECKTE ALLES VIEL BESSER!
ANFASSEN VERBOTEN!

viel besser sind als früher und daher nur begrenzt historische Daten vorliegen. Die Deutsche Gesellschaft für Ernährung hat 2004 eine Nährwerttabelle für acht ausgewählte Sorten zusammengestellt – Ergebnis: Nährstoffe und Vitamine sind weitgehend konstant geblieben. Das Institut für Obstzüchtung in Dresden-Pillnitz hat neun Apfelsorten untersucht und teilweise sogar einen Anstieg von 27 Prozent beim Vitamin C gegenüber den achtziger Jahren festgestellt. Günter Schumann meint, dass es vor allem psychologische Faktoren sind, die die Legende vom immer schlechteren Obst und Gemüse befördern – die verklärte Erinnerung an die «gute alte Zeit». Eine wissenschaftliche Bestätigung für den angeblichen Qualitätsverfall gebe es nicht, die Pflanzenzüchter bemühten sich intensiv, den gesundheitlichen und geschmacklichen Wert von Obst und Gemüse zu erhöhen. Und insbesondere Zahlenangaben wie die zitierten 70 Prozent seien «nicht haltbar», sagt Schumann.

Churchill sagte, nach seinem Rezept für ein langes Leben gefragt: «First of all, no sports!»

Stimmt nicht. Wobei man einschränkend sagen muss, wie stets bei der Frage nach der Authentizität von Zitaten: Es ist schwer, nachzuweisen, dass jemand etwas nicht gesagt hat.

Unter diesem Vorbehalt kann man aber mit ziemlicher Sicherheit davon ausgehen, dass die angebliche Churchill-Äußerung erfunden ist. Ein Indiz, das schon bei dem Satz über die Statistik zum Tragen kam («Glaube keiner Statistik, die du nicht selbst gefälscht hast», Stimmt's Folge 3): Der Spruch ist offenbar nur im deutschsprachigen Raum bekannt, zumindest findet man ihn auf keiner einzigen englischen Internetseite, aber auf Hunderten deutschen – ohne Beleg natürlich. Im renommierten *Oxford Dictionary of Quotations* sucht man das Zitat ebenfalls vergebens.

Vor allem aber passt das Zitat nicht zum Lebenswandel des englischen Staatsmanns. Die Nachkriegsdeutschen kannten vor allem den beleibten, Zigarre rauchenden und Whisky trinkenden Premierminister. In seiner Jugend aber hatte Churchill vor allem an der Eliteschule Harrow eine ganze Reihe von Sportarten betrieben, die in der britischen Oberschicht verbreitet waren: Kricket, Polo, Fechten, Boxen, Schwimmen und vor allem Reiten. Er gewann viele Pokale und Trophäen, und meist war er in den Sportdisziplinen besser als in den anderen Schulfächern. Als Soldat saß er im Sattel, als die königliche Armee ihre letzten Kavallerieschlachten in Afrika focht. Besser zu Churchill passt also das (verbürgte) Zitat: «Keine Stunde, die man im Sattel verbringt, ist verloren.»

KEINE STUNDE KOMMA
DIE MAN IM SATTEL VERBRINGT
KOMMA IST VERLOREN PUNKT
KLAMMER AUF ZITAT VERBÜRGT
KLAMMER ZU NÄCHSTE ZEILE
WINSTON CHURCHILL
KLAPPER
KLAPPER

Tauben sind resistent gegen die Vogelgrippe

Stimmt nicht. Weil Tauben zu Millionen unsere Städte bevölkern und dem Menschen sehr nahe kommen, sind sie schon früh ins Visier der Seuchenforscher geraten. Und so mancher Taubenfeind mag gehofft haben, dass die Vogelgrippe endlich einen Anlass bieten würde, die Population der «Ratten der Lüfte» drastisch zu reduzieren.

Deutschlands führende Vogelgrippeforscher arbeiten im Friedrich-Loeffler-Institut auf der vor Greifswald gelegenen Ostseeinsel Riems. Ortrud Werner leitet dort das Nationale Referenzlabor für die Vogelgrippe. Schon 2003 untersuchte ihr Institut die Legende von den resistenten Tauben auf ihren Wahrheitsgehalt: In zwei Ställen wurde einer Gruppe Tauben und einer Gruppe Hühner eine hohe Dosis des Grippevirus H7N7 regelrecht in die Nasenlöcher geschmiert. Während die Hühner binnen zwei Tagen tot von der Stange fielen, blieben die Tauben putzmunter. Allerdings waren in ihrem Blut sowohl Antikörper gegen den Erreger als auch winzige Mengen des Virus nachweisbar.

Wenn man Hühner zu ihnen in die Voliere setzte, infizierten sich diese nicht – offenbar gaben die Tauben kaum ansteckende Keime weiter.

2006 hat Ortrud Werner die Versuche mit dem gefährlicheren Virus H5N1 wiederholen lassen, das aus Indonesien beschafft worden war. Diesmal war das Ergebnis ein anderes: Wieder starben sämtliche «Referenzhühner» innerhalb von zwei Tagen, aber auch 5 von 16 Tauben erkrankten an der Vogelgrippe und zeigten die typischen Ausfallsymptome des Nervensystems. Drei der Vögel starben. Aber offenbar schieden auch die erkrankten Tiere nur geringe Mengen des Virus aus und steckten keine Hühner an.

Das Fazit also: An der neuen, aggressiven Form der Vogelgrippe können auch Tauben erkranken. Der Mensch muss sich aber nicht vor der Ansteckung fürchten, da sich nicht einmal die viel empfindlicheren Hühner infizieren. Insbesondere gibt es keinen Anlass, beim nächsten Vogelgrippe-Ausbruch in Panik die Tauben im Park zu vergiften.

Kommissare probieren Rauschgift mit dem Finger

Stimmt nicht. Trotz Hunderter von Kriminalfilmen, in denen der Kommissar die Fingerspitze in das weiße Pulver taucht, kurz dran leckt und dann sagt: «Prima Stoff!»

«Theoretisch kann man einen Geschmackstest machen», sagt Karina Sadowsky von der Pressestelle der Hamburger Polizei. «Allerdings lässt sich dadurch lediglich feststellen, ob eine betäubende Wirkung auf der Zunge eintritt.» Kokain ist nämlich weitgehend geruchs- und geschmacklos, da schmeckt der Kommissar nur die beigemengten Stoffe wie Stärke oder Traubenzucker. Heroin schmeckt bitter, aber auch das probiert der Polizist tunlichst nicht aus. Gar nicht mal, weil er sich damit selbst strafbar machen würde, sondern aus Gesundheitsgründen. «Diese Praxis kann in die Abhängigkeit führen», sagt Karina Sadowsky.

Der «Fingertest» ist also ein Stereotyp des Fernsehkrimis, das mit der Wirklichkeit ebenso wenig zu tun hat wie das Auto, das beim kleinsten Kabelbrand explodiert (siehe S. 125). Richtige Kommissare gehen die Sache wissenschaftlicher an: Sie haben Schnelltests dabei, mit denen sie das Pulver identifizieren können.

HEROIN ODER KOKAIN ?
DIE SHOW
PRIMA STOFF!
HEROIN?
KOKAIN?
RICHTIGE KOMMISSARE HABEN SCHNELLTESTS DABEI, ABER DA BRAUCHT ES BESSERE SCHAUSPIELER, UM DEN ZUSCHAUER ZU FESSELN.

Die Erde wird immer dicker

Stimmt nicht. Diesen Eindruck könnte man bekommen, wenn man sich archäologische Grabungsstätten ansieht oder auch geologische Formationen: Nicht umsonst reden wir von «Geschichte», Lage um Lage türmen sich die historischen Perioden aufeinander.

Aber schon mit ein bisschen Nachdenken kann man zu dem Ergebnis kommen: Dicker kann die Erde dadurch nicht werden. Denn irgendwo müsste die zusätzliche Masse ja herkommen. Zwar gibt es eine Nettozunahme unseres Planeten – durch Meteoriten, die aus dem All auf uns einstürzen. Doch die ist denkbar gering: Sie beträgt, bezogen auf den Erdradius, etwa einen Millimeter in einer Million Jahren.

Für den Eindruck der Gewichtszunahme sorgt eine große Umverteilung auf dem Planeten: Durch Erosion werden Gesteinsschichten vom Gebirge ins Tal gespült, Pflanzen erzeugen aus Wasser und Kohlenstoff Biomasse, die zu neuen Bodenschichten wird. So gibt es insgesamt einen Nivellierungsprozess, der in den tiefer gelegenen Gegenden den Eindruck erzeugt, die Erde nehme zu. Irgendwann wären so alle Berge abgetragen – aber Vulkanismus und tektonische Verschiebungen sorgen dafür, dass sich auch wieder neue Gebirge bilden.

In den Städten sorgt zusätzlich der Mensch durch seinen Zivilisationsmüll dafür, dass alte Bauwerke und Straßen Schicht für Schicht verschüttet werden. Insgesamt jedoch bleibt bei all diesen Prozessen die Masse gleich und die Erde im Schnitt gleich dick.

Alle Schneckenhäuser winden sich in dieselbe Richtung

Stimmt nicht. Allerdings ist innerhalb einer Art die Drehrichtung des Schneckenhauses bei fast allen Individuen gleich. Sie wird «matroklin dominant-rezessiv» vererbt, wie die Genetiker sagen. Das heißt: Die Windung wird von den Genen der Schneckenmutter bestimmt und folgt im Übrigen den Mendel'schen Regeln.

Bei der Weinbergschnecke ist die dominante Drehrichtung rechtsherum (wenn man von oben auf die «Spitze» des Hauses schaut). Schnecken mit linksdrehendem Gehäuse sind selten, nur jede zehntausendste bis millionste Weinbergschnecke ist «andersherum», diese Exemplare werden auch «Schneckenkönige» genannt.

Bei anderen Schneckenarten ist allerdings genau die andere Drehrichtung der Normalfall. So unterscheidet sich bei den Schließmundschnecken die Drehrichtung von Art zu Art. Deshalb muss man wohl davon ausgehen, dass die Vorliebe für eine bestimmte Windungsrichtung nichts als eine Laune der Natur ist.

Lebensmittel sind nur bis zum aufgedruckten Termin haltbar

Stimmt nicht. Die meisten Verbraucher wissen nicht, dass es zwei unterschiedliche Ablaufdaten für Lebensmittel gibt: das Mindesthaltbarkeitsdatum und das Verbrauchsdatum, beide in der Verordnung zur Kennzeichnung von Lebensmitteln geregelt.

Bis zum Mindesthaltbarkeitsdatum («mindestens haltbar bis …») garantiert der Hersteller den einwandfreien Zustand eines Lebensmittels, oft mit einer Einschränkung wie «bei kühler Lagerung». Meist ist das Produkt danach noch genießbar, es darf sogar, mit deutlichem Hinweis versehen, noch verkauft werden – aber dann haftet der Händler, wenn die Ware verschimmelt oder sonst wie ungenießbar ist. Mikrobiologisch sehr leicht verderbliche Lebensmittel, etwa Fleischwaren, sind dagegen mit einem Verbrauchsdatum zu versehen («verbrauchen bis …»). Ist dieses abgelaufen, darf die Ware auf keinen Fall mehr verkauft oder umgepackt werden, siehe Gammelfleischskandal. Den Lebensmitteln sieht man den schlechten Zustand nicht unbedingt an, deshalb sollte man Fleisch mit abgelaufenem Verbrauchsdatum aus dem Kühlschrank entsorgen. Beim Mindesthaltbarkeitsdatum dagegen kann man durchaus seinen fünf Sinnen trauen. Milch zum Beispiel hält sich bei guter Kühlung meist ein paar Tage länger frisch, als auf der Packung steht.

GAMMELFLEISCH DIE ERSTE!
GF 1
SIE GREIFEN NACH DER WURST ÜBER VERBRAUCHSDATUM, UM SIE AUS DEM KÜHLSCHRANK ZU ENTSORGEN.
TV
BEI DIESEN GAR NICHT KÜHLENDEN FILM-KÜHLSCHRÄNKEN KUCKE ICH BESONDERS ANGEWIDERT.

In Rom entschied das Volk per «Daumen hoch» oder «Daumen runter» über das Schicksal der Gladiatoren

Stimmt nicht. Wir haben die Szene immer wieder im Film gesehen, zuletzt in «Gladiator»: Wenn der Kampf zwischen zwei Gladiatoren nicht tödlich geendet hatte, durfte das Volk entscheiden, ob es den armen Kerl begnadigte. Andernfalls hatte der Unterlegene vor dem Sieger niederzuknien, der ihn dann mit dem Schwert hinrichtete. In der Hollywood-Zeichensprache reckt die Plebs den Daumen nach oben, wenn der Gladiator überleben soll, und senkt ihn im Falle des Todesurteils.

Aber diese Gesten sind nicht wirklich historisch überliefert. Es gab damals noch keinen Film, und deshalb sind wir heute auf schriftliche und bildliche Zeugnisse angewiesen. Anthony Corbeill von der University of Kansas, Experte für die Gestik des Altertums, hat eingehend alte Texte und Darstellungen auf Münzen studiert. Er ist überzeugt, dass der hochgestreckte Daumen im alten Rom das Gegenteil von dem bedeutete, was wir heute damit verbinden: Er sei nämlich das Sinnbild für das tödliche Schwert gewesen. Wollte das Volk den Gladiator begnadigen, so steckte man dagegen den Daumen in die Hand – Schwert in der Scheide – oder drückte ihn auf den Zeigefinger, so wie wir heute jemandem «die Daumen drücken».

Für Corbeills Interpretation sprechen einige Textstellen bei klassischen Autoren wie Juvenal, Plinius und Horaz. Und außerdem die Tatsache, dass der hochgereckte Daumen als Zeichen der Zustimmung offenbar erst in jüngster Vergangenheit verwendet wird – in Italien zum Beispiel kann man damit heute noch für Missverständnisse sorgen.

Die Schweizer Armee benutzt Schweizer Messer

Stimmt. Das Messer gehört zur Ausrüstung der eidgenössischen Armee. Es gibt zwei Sorten der berühmten roten Taschenmesser: das «Original Schweizer Offiziersmesser» der Firma Victorinox und das «Echte Schweizer Offiziersmesser» von Wenger. Unterscheidbar sind die beiden Varianten an dem Emblem, das auf der Außenschale prangt. Seit Victorinox im Jahr 2005 Wenger aufgekauft hat, ist der Unterschied jedoch nicht mehr so wichtig.

Die ersten dieser Messer wurden 1891 an die Schweizer Armee geliefert. Kurz zuvor war die erste Messerschmiede in der Schweiz von Karl Elsener gegründet worden. Die vielseitigen Multifunktionswerkzeuge wurden ein Exporthit, als «Swiss Army Knife» sind sie auch in Übersee beliebt. Es gibt sie in den groteskesten Varianten, neuerdings auch mit integriertem MP3-Stick. 55 000 Messer stellt Victorinox täglich her.

Noch heute beliefert die Firma auch die Schweizer Armee, und zwar nicht nur die Offiziere. Jeder Rekrut bekommt zu Beginn seiner Ausbildung ein Messer, dessen Schnickschnack sich allerdings in Grenzen hält. Es hat nur vier ausklappbare Teile: Messerklinge, Stechahle, Dosenöffner und Kapselheber. Zu den besten Zeiten, sagt der Victorinox-Sprecher Urs Wyss, wurden davon 50 000 pro Jahr hergestellt. Zurzeit fänden allerdings aufgrund des Personalabbaus in der Armee keine regelmäßigen Lieferungen statt.

Ein wirklich originales Schweizer Soldatenmesser ist übrigens leicht zu erkennen: Es ist nicht rot, sondern hat eine silberfarbene Aluminiumschale.

Der Elbrus und nicht der Mont Blanc ist der höchste Berg Europas

Kommt drauf an, was man unter Europa versteht. Der Elbrus ist 5642 Meter hoch und überragt damit eindeutig den Mont Blanc, der es nur auf 4808 Meter bringt. Aber ist er ein europäischer Berg? Was ist Europa, geographisch betrachtet?

Auch wenn Politiker gern von einer geographischen Einheit Europas reden, die es auch politisch zu realisieren gelte – es gibt sie nicht. Es liegt mit Asien unzertrennlich auf einer tektonischen Platte, und das wird auch für einige Zeit so bleiben. Wie ist es mit anderen geographischen Merkmalen? Man kann Ozeane und Flüsse eindeutig als Grenz-Markierer definieren, auch der Kamm eines Gebirges ist eine klare Grenze. Damit kommt man aber im Osten Europas nicht weit: 1730 verlegte der schwedische Offizier Philip Johan von Strahlenberg im Auftrag des Zaren die Ostgrenze auf den Kamm des Uralgebirges. Weiter südlich muss man dann aber eine Grenze zwischen dem Schwarzen und dem Kaspischen Meer ziehen, und von Strahlenberg wählte die Manytsch-Niederung, ein sumpfiges Gebiet am Don. Seitdem hat es keine offizielle Festlegung dieser Grenze gegeben (die ja innerhalb Russlands liegt), aber viele Geographen fanden, dass eine Niederung nicht gerade eine klare Abgrenzung erlaubt, und ließen Europa lieber am 300 Kilometer südlich gelegenen Kamm des Kaukasus enden. Dann läge der Elbrus-Gipfel gerade noch in Europa, und der Mont Blanc wäre entthront, ja er wäre nicht einmal mehr unter den Top Ten der europäischen Berge.

Eine befriedigende Antwort auf die Frage wird es nie geben – Europa lässt sich geographisch nicht sinnvoll definieren.

ICH RITT DIE PONYSEILSCHAFT, BIS ES NICHT MEHR WEITERGING. DRUM ERKLÄRE ICH DIESES SUMPFIGE GEBIET ZUR GRENZE, WO EUROPA ENDET. ÜBRIGENS DARF NIEMAND ER-FAHREN, DASS 3 ZWERGPONYS DRAUFGINGEN.

Die Länge des Menstruationszyklus hat mit den Mondphasen zu tun

Stimmt nicht. Der Mond rotiert in 29,5 Tagen um die Erde, und der durchschnittliche weibliche Zyklus ist etwa genauso lang. Daher kommt der Name Monatsregel, auch in dem Wort «Menstruation» steckt das lateinische Wort für Monat *(mensis)*. Aber haben die beiden Phasen etwas miteinander zu tun? Ein Blick auf die Menstruationzyklen anderer Säugetiere – Mäuse 5 Tage, Meerschweinchen 11, Schafe 16, Kühe 21, Schimpansen 37 Tage – offenbart: Wenn man den Menschen als eines von vielen Säugetieren betrachtet, so scheint kein zwingender Zusammenhang zwischen Zykluslänge und Mondorbit zu bestehen. Das sieht doch eher nach Zufall aus.

Könnte es denn trotzdem sein, dass sich der Mond beim Menschen zu einer Art «Taktgeber» für die Monatsregel entwickelt hat? Auch diese These ist nicht sehr überzeugend. Bei kaum einer Frau dauert der Zyklus exakt einen Monat. Die Länge differiert sogar zwischen den Völkern (bei den US-Amerikanerinnen ist der Zyklus zwei Tage länger als bei den Japanerinnen), und es ist ja auch nicht so, dass alle Frauen etwa bei Vollmond ihre Tage hätten – das verteilt sich über alle Mondphasen. Letztlich bleibt also vom Zusammenhang zwischen Mond und Regel nicht viel übrig.

MÄUSE MENSTRUIEREN ALLE 5 TAGE.
MONATS BINDEN
MONTAGS BINDEN

Man soll mit Olivenöl nicht braten

Stimmt nicht. Dem Olivenöl wird nachgesagt, es sei nicht hitzestabil, sodass beim Braten schädliche Stoffe entstünden. Aber dieses Vorurteil ist wohl vor allem in Deutschland und Frankreich verbreitet. Die Menschen in Italien oder Griechenland würden sich darüber wundern, denn bei ihnen ist Olivenöl sozusagen als Universalfett im Einsatz – auch beim Braten und sogar beim Frittieren.

Natives, kalt gepresstes Olivenöl verträgt ohne Weiteres Temperaturen bis 180 Grad, und heißer sollte die Pfanne beim Braten ohnehin nicht werden. Die einfach ungesättigten Fettsäuren bleiben dabei ziemlich stabil, allenfalls leicht flüchtige Aromastoffe verdampfen durch die Hitze.

Noch höher kann man raffiniertes Olivenöl erhitzen. Das hat schon beim Raffinationsprozess ein extremes Hitzebad hinter sich, und es hält Temperaturen bis 210 Grad aus – damit ist es hitzebeständiger als Soja- und Maiskeimöl und durchaus für die Fritteuse geeignet, wenn man denn das typische Olivenaroma im Frittiergut schätzt. Manchmal wird die Legende verbreitet, Inhaltsstoffe wie das grüne Chlorophyll würden bei der Zersetzung giftige Stoffe erzeugen, aber dafür gibt es keine wissenschaftliche Grundlage. Generell gilt für Olivenöl wie für alle anderen Öle: Wenn's anfängt zu rauchen, ist das Fett zu heiß.

Eine andere Frage ist natürlich, ob man sündhaft teures «Extra Vergine»-Öl in der Pfanne vergeuden sollte. Solches Luxusöl nimmt man vielleicht doch besser für den Salat, wo es sein volles Aroma entfalten kann, und brät mit einem preiswerteren Massenprodukt.

Auch Fische müssen trinken

Teils, teils. Es kommt nämlich drauf an, wo der Fisch lebt. Dahinter steckt wieder einmal die Osmose.

Wenn wässrige Lösungen mit unterschiedlicher Salzkonzentration durch eine Membran getrennt sind, die durchlässig ist für Wassermoleküle, aber nicht für die Salzionen, dann versucht die Natur, die Konzentration auszugleichen. Es entsteht ein «osmotischer Druck». Die Folge: Wasser dringt von der «süßen» zur «salzigen» Seite. Bei Süßwasserfischen ist die Salzkonzentration im Körperinneren größer als in der Umgebung, und es dringt Wasser in den Körper. Trinken muss der Fisch nicht, im Gegenteil: Er muss ständig über seine Nieren Flüssigkeit ausscheiden, sonst würde er platzen.

Bei Meeresfischen ist es genau umgekehrt: Deren Körperflüssigkeit ist «süßer» als das Meer, und sie würden regelrecht vertrocknen, wenn sie nicht ständig über Mund und Kiemen Wasser aufnehmen, also trinken würden. Die Kiemen wirken dabei als Meerwasserentsalzungsanlage.

Man kann es also kurz zusammenfassen: Salzwasserfische trinken, Süßwasserfische pinkeln.

Und wie ist es mit Fischen, die mal im Salzwasser und mal im Süßwasser leben, also etwa Lachse oder Aale? Die können tatsächlich beides. Im Salzwasser trinken sie, im Süßwasser scheiden sie Wasser aus. Außerdem können sie über ihren Harnstoffspiegel den osmotischen Druck an die Umweltverhältnisse anpassen – im Meer erhöhen sie den Harnstoffgehalt im Körper, sodass die Salzkonzentration steigt.

Marie Antoinette sagte, wenn die Armen kein Brot hätten, sollten sie doch Kuchen essen

Stimmt nicht. Der französische Schriftsteller und Moralist Jean-Jacques Rousseau prangerte gern die Dekadenz und den Sittenverfall des Adels an, der in Saus und Braus lebte, während das Volk darbte – eine jener Ungerechtigkeiten, die schließlich zur Französischen Revolution führten. In seinen «Bekenntnissen» schrieb er, dass «eine große Prinzessin angab, als man ihr sagte, die Bauern hätten kein Brot … ‹So mögen sie Kuchen essen›».

Rousseau schrieb diese empörten Zeilen um das Jahr 1766. Marie Antoinette war zu der Zeit eine zehnjährige Prinzessin und lebte als Tochter von Kaiser Franz I. und Maria Theresia am Hof in Wien – wohl kaum die «große Prinzessin», von der Rousseau berichtet, zumal der Dichter sich auf eine Begebenheit bezieht, die sich noch einige Jahrzehnte früher zugetragen haben soll. Da Rousseau die Anekdote nicht weiter belegt, wird es für Historiker wohl immer rätselhaft bleiben, ob sie wahr ist oder ein Ausfluss dichterischer Fantasie. Aber eines ist nachweisbar: Von Marie Antoinette stammt der Ausspruch nicht.

Dabei hätte er zumindest zu der späteren Königin ganz gut gepasst. Marie Antoinette heiratete im Jahr 1770, also mit 14 Jahren, den französischen Thronerben Louis-Auguste, den späteren König Ludwig XVI. Mit ihrem verschwenderischen Lebensstil machte sie sich nicht nur beim Volk verhasst, auch am Hof war sie umstritten, zumal sie ja keine Französin war. Und so waren es wohl politische Gegner, die am Vorabend der Revolution das angebliche Zitat in Umlauf brachten: *S'ils n'ont pas de pain, qu'ils mangent de la brioche!* Ein weiteres Beispiel also aus der Kategorie «falsch, aber gut erfunden». 1793 machten die Revolutionäre der «Witwe Capet» den Prozess, und am 16. Oktober wurde sie auf der heutigen Place de la Concorde mit der Guillotine hingerichtet, wie zuvor schon ihr Ehemann.

Es gibt eine Korrelation zwischen der Zahl der Störche und der Zahl der Geburten

Stimmt. Der statistische Begriff «Korrelation» bedeutet nicht, dass es einen kausalen Zusammenhang gibt – sondern nur die Beobachtung, dass eine Größe wächst, wenn es auch die andere tut. Seit über 50 Jahren gelten Geburten und Störche als Paradebeispiel dafür, und Statistiker haben sich immer wieder damit beschäftigt.

Zum Beispiel Robert Matthews von der Aston University in Birmingham. Im Jahr 2000 hat er die Storch- und Geburtenzahlen aus 17 europäischen Ländern zusammengetragen und kommt zu einer einfachen Korrelation: Je mehr Störche, desto mehr Geburten. Einfach erklären lässt sich dieser scheinbare Zusammenhang mit der «verborgenen Variablen» Fläche: In größeren Ländern findet man mehr Störche, aber auch mehr Menschen.

So weit, so banal. Es gibt aber auch differenziertere Untersuchungen: *New Evidence for the Theory of the Stork* («Neue Beweise für die Theorie vom Storch») war ein Artikel überschrieben, den Thomas Höfer vom Bundesinstitut für Risikobewertung in Berlin 2004 zusammen mit zwei Koautorinnen, darunter eine Hebamme, in der Zeitschrift *Paediatric and Perinatal Epidemiology* veröffentlichte, einem Fachblatt für Geburtsstatistiken. Die Ergebnisse der Studie: In Niedersachsen sank sowohl die Anzahl der Störche als auch der Neugeborenen von 1970 bis 1985, danach blieben beide Werte etwa konstant. In Berlin, wo es praktisch keine Störche gibt, verzeichneten sie einen Anstieg außerklinischer Geburten zwischen 1990 und 2000. Wie war nun das zu erklären? Die Forscher bezogen das Umland mit ein – und siehe da, dort wuchs die Storchenpopulation just in dem Maße, wie die Berliner Hausgeburten zunahmen. Der logische Schluss: Brandenburger Störche bringen die Babys in die Stadt. Sicherheitshalber nennen die Autoren ihre Arbeit eine «humorvolle Fallstudie für die Lehre der perinatalen Epidemiologie».

Solche statistischen Spielereien sind von den Autoren also immer als pädagogische Warnung gedacht, dass man aus einer Korrelation nicht auf eine Kausalität schließen darf. Der Zusammenhang kann zufällig sein (so stiegen im vergangenen Jahrhundert viele Datenwerte kontinuierlich, ohne etwas miteinander zu tun zu haben), oder aber die Größen hängen auf komplizierte Weise von einer oder mehreren weiteren Größen ab.

Man kann durch Waschen die Pestizide vom Obst entfernen

Stimmt nicht. Was das Waschen von Obst nützt, haben Wissenschaftler der Hochschule Albstadt-Sigmaringen im Sommer 2006 gründlich untersucht. Dabei verglichen sie drei Reinigungsmethoden: Abwaschen mit kaltem Wasser, Abreiben mit einem Mikrofasertuch und Reinigung mit einem speziellen Obst-Waschmittel – ja, so etwas gibt es tatsächlich.

Neben der Wirksamkeit der Verfahren gegen Dreck (den kann man umso besser entfernen, je glatter die Oberfläche des Obstes ist) und Schimmelpilze (keines konnte Sporen wirklich entfernen) untersuchten die Forscher, ob sich Pflanzenschutzmittel entfernen ließen, und zwar am Beispiel von Paprika, Erdbeeren und Weintrauben. Das Ergebnis war nicht ermutigend: Alle Verfahren konnten nur einen Teil der Pestizide beseitigen, bei Paprikaschoten etwa 65 Prozent, bei Trauben nur 30 Prozent. Der Rest der Pestizide war so tief in die Schale eingedrungen, dass eine oberflächliche Reinigung nichts mehr ausrichten konnte.

Fazit: Man wird durch Abspülen etwa die Hälfte der Pflanzenschutzmittel entfernen, aber nicht mehr – wer wirklich rückstandsfreies Obst genießen will, sollte zu Bioprodukten greifen.

FAHR GLEICH ZUM MARKT, HALT NICHT BEI WASCHSALON, SAGT CHEF.
OBST*
*RELATIV RÜCKSTANDSFREI
WASCHSALON

Die Nummerierung der Sitze bei der Bahn hat ein System

Stimmt. Man erlebt es immer wieder: Mit Koffern bepackte Reisende irren durch den Waggon, auf der Suche nach ihrem reservierten Sitzplatz. Scheinbar wirr sind die Plätze nummeriert – doch der Wahnsinn hat Methode. Seine Grundlagen sind international im Regolamento Internazionale Carozze (RIC) festgelegt.

Insbesondere in Großraumwagen ist die Orientierung schwierig. Leichter wird es, wenn man sich den Wagen in virtuelle Abteile aufgeteilt vorstellt. Die Sitze werden nicht fortlaufend nummeriert, sondern in Blöcken von sechs (erste Klasse) oder acht Sitzen. Die erste Ziffer nummeriert dieses «Abteil», wobei es zur Steigerung der Verwirrung das Abteil mit der Nummer 1 oft nicht gibt. Zweites Prinzip: Die Plätze mit den Endziffern 1, 2, 5 und 6 liegen im Großraumwagen am Fenster, die mit den Ziffern 3, 4, 7 und 8 am Gang. Trotzdem kann man damit immer noch für eine ganze Menge Verwirrung sorgen: Wer erwartet schon, dass Platz 1, 2, 3 und 8 zu einem Block zusammengefasst sind? Beim ICE hat man sich schließlich zu einer etwas kundenfreundlicheren Nummerierung durchgerungen – da geht die Suche nach dem richtigen Platz ein bisschen schneller.

Erdbeeraroma wird aus Sägespänen hergestellt

Stimmt nicht. Auf die Idee, Aromen künstlich herzustellen, kommen die Lebensmittelfirmen aus zwei Gründen: Erstens gibt es nicht genügend Erdbeeren, um alle Erdbeerjoghurts der Welt mit ausreichend Aroma zu versorgen. Und zweitens sind künstlich hergestellte Aromen viel billiger als die originalen.

Trotzdem – das mit dem Erdbeeraroma aus Sägespänen ist ein hartnäckiges, aber falsches Gerücht, das einmal von einem großen deutschen Nachrichtenmagazin in die Welt gesetzt wurde.

Den mageren wahren Kern erläutert Kirsten Hesse von dem Aromenhersteller Symrise in Holzminden: Der typische Erdbeergeschmack ist ein komplexes Gemisch vieler Aromen, eines davon ist Vanillin. Und Vanillin lässt sich durch zwei einfache chemische Schritte aus Lignin herstellen, das in Holz enthalten ist. Früher wurde Vanillin tatsächlich aus Holz gewonnen, heute stellt man es mit anderen Verfahren her, die nicht unbedingt appetitlicher sind: etwa aus Sulfit-Abfällen, die bei der Papierproduktion übrig bleiben.

Für den Verbraucher ist es schwer zu beurteilen, welche Stoffe seine Sinne täuschen. Das Prädikat «natürliches Erdbeeraroma» bedeutet nämlich lediglich, dass das Aroma durch physikalische und chemische Prozesse aus Material gewonnen wird, «das nachweislich vom Menschen verzehrt wird». Das müssen nicht zwingend Erdbeeren sein. Aromen aus Sägespänen dürften sich allenfalls «naturidentischer Aromastoff» nennen. Woraus das Erdbeeraroma nun wirklich besteht, verrät der Hersteller nicht.

Es sind schon Menschen in einem ausgeschalteten Kühlhaus erfroren – aus Einbildung

Stimmt nicht. Die so genannte Kraft der Gedanken wird häufig mit dem Beispiel eines Mannes belegt, der ungewollt in einer Kühlkammer eingeschlossen war. Am nächsten Morgen wurde er erfroren aufgefunden – mit allen Symptomen eines Erfrierungstodes. Allerdings war die Kühlkammer gar nicht eingeschaltet. Der Arme soll also an der Überzeugung gestorben sein, er werde in der Kammer erfrieren. Fast immer wird die Geschichte noch mit einem Zettel ausgeschmückt, der neben der Leiche gefunden wurde und auf dem das Opfer in zittriger Schrift schildert, wie seine Finger langsam steif werden. Es gibt auch Varianten: etwa die Legende von dem Mann, der in einer scheinbar luftdichten, in Wahrheit aber gut belüfteten Kammer erstickt.

Das sind alles schöne Geschichten, die tatsächlich die Macht der Einbildungskraft beweisen würden – wenn sie denn stimmten. Aber sie tragen alle Merkmale der «urbanen Legenden»: Viele Leute erzählen sie, aber niemals aus erster Hand, immer hat man es von jemandem gehört, der jemanden kannte, dem das passiert ist. Es fehlen handfeste Orts- und Zeitangaben, die man zur Grundlage einer Recherche nehmen könnte. Belege wie etwa Zeitungsberichte gibt es nicht. Deshalb muss das Urteil lauten: wunderschön ausgedacht.

Eine andere Frage ist, ob es generell möglich ist, dass Menschen aufgrund einer eingebildeten Gefahr sterben, etwa durch einen Herzstillstand, oder auch weil sie ein Tabu übertreten haben. Es gibt solche Geschichten in der älteren psycholo-

AAH!!!
ICH GLAUBE, ICH STERBE AUS EINBILDUNG, FÜR ALLES ZU ALT ZU SEIN AN ALTERS-SCHWÄCHE.
KASSE
JUNGER MANN ZUM MITFAHREN GESUCHT
NUR, DASS SIE MIR TROTZ IHRER ABSAGE DIE HAND HALTEN, HÄLT MICH NOCH AM LEBEN.

gischen Literatur, zum Beispiel bei Freud. Dass Menschen, die ohnehin ein schwaches Herz haben, durch eine eingebildete Gefahr so in Panik geraten, dass sie tatsächlich einen Herzanfall erleiden – das ist vorstellbar. Aber für Todesfälle durch Symptome, die der physikalischen Realität widersprechen, fehlt jeglicher Beweis.

Rauchen hat auch positive gesundheitliche Wirkungen

Stimmt. Zunächst einmal: Rauchen ist schädlich. Insbesondere die Partikel, die man ein-, aber nicht mehr ausatmet, richten in der Lunge Übles an, und es gibt keine positive Wirkung, die das aufwiegen könnte. Anders als etwa beim Alkohol, bei dem mäßiger Genuss durchaus eine positive Gesamtwirkung haben kann, gibt es hier nichts aufzurechnen oder zu beschönigen.

Allerdings kann die regelmäßige Versorgung des Körpers mit dem Nervengift Nikotin bei einigen Krankheiten vorbeugend wirken oder den Einsatz der Symptome verzögern. Ein Artikel im *British Journal of Addiction* von 1991 listet einige dieser Krankheiten auf: die Parkinson'sche Krankheit, das Tourette-Syndrom, chronische Dickdarmentzündung – und sogar Alzheimer. Wobei man sarkastisch einwenden könnte, dass ein Raucher erst einmal alt genug werden muss, um den Effekt zu spüren. Die Forschungsergebnisse, die der Artikel zitiert, sind allerdings alle sehr vorläufig, und in den vergangenen Jahren sind auch einige Studien erschienen, nach denen Nikotin das Alzheimerrisiko eher erhöht. Mit der Einführung eines medizinischen Nikotinpräparats ist also so bald nicht zu rechnen.

Sowohl deutsche Wissenschaftler vom Forschungszentrum Jülich wie französische Forscher vom Institut Pasteur in Paris haben kürzlich noch eine andere positive Wirkung auf das Gehirn entdeckt: Unter Nikotineinwirkung scheint sich die Aufmerksamkeit zu verbessern. Ob diese Ergebnisse allerdings ein Argument dafür sind, am Zigarettenkonsum festzuhalten, ist doch mehr als fraglich.

Coca-Cola enthielt früher Kokain

Stimmt. Die braune Brause hat ihren Namen von zwei Geschmacksstoffen, die sie enthält: den der Kolanuss und den der Kokapflanze (im Verhältnis eins zu drei). Aus Letzterer wird Kokain gewonnen. Als die Coke-Formel 1886 entwickelt wurde, ging man damit recht sorglos um. Sigmund Freud pries die stimulierende Wirkung der Droge, sie wurde zur Unterstützung beim Entzug von Morphinabhängigen eingesetzt.

Coca-Cola wurde sogar als Medizin vermarktet, die gegen «Nervenleiden» wie Kopfschmerz und Melancholie wirken sollte.

Ende des 19. Jahrhunderts wurden die Schattenseiten von Kokain offenbar, und in der Presse wurde sogar nach Maßnahmen gegen den Limofabrikanten gerufen. Der stellte seine Produktion um – seitdem enthält die Cola nur noch Kokablätter, denen der Suchtstoff entzogen wurde.

An die große Glocke hat Coca-Cola diesen Wandel nie gehängt. Als die Firma 1985 die berühmte Formel veränderte, tat sie das angeblich zum ersten Mal seit 99 Jahren. Aber das war offensichtlich nur die halbe Wahrheit.

ICH TRINKE CHERRY COKE CRISTAL ENTCOFFEINIERT SUGAR FREE ZERO.
OHNE KOKAIN?
COKE

OHNE.
WIE HÄLT ER DAS AUS?
WÜRG
COKE

«Verbrauchte Luft» enthält weniger Sauerstoff als frische

Stimmt nicht. Man kennt das: Viele Menschen sitzen zusammen in einem Raum, und nach einer Stunde setzt das Gähnen ein. «Lasst doch mal Sauerstoff rein!», ruft dann jemand, und die Fenster werden aufgerissen.

Auch wenn das Lüften die richtige Maßnahme ist: Es ist nicht der mangelnde Sauerstoff, der uns müde macht, und auch nicht die eventuell übel riechenden Ausdünstungen der Mitmenschen. «Verbrauchte Luft» zeichnet sich vor allem durch einen höheren Anteil an Kohlendioxid aus, und das macht uns schon in sehr kleinen Mengen müde. Wenn wir atmen, dann reichern wir die Luft mit CO_2 an: In der normalen Raumluft sind etwa 21 Prozent Sauerstoff und nur 0,03 Prozent CO_2. Unser Atem dagegen enthält nur noch 14 Prozent Sauerstoff, aber 5,6 Prozent Kohlendioxid – dessen Menge hat sich also mehr als verhundertfacht. Und schon ab 2,5 Prozent CO_2 gilt Luft als toxisch.

Ich habe einmal eine Rechnung aufgestellt, was passiert, wenn zehn Menschen sich in einem 60-Kubikmeter-Raum befinden, der luftdicht abgeschlossen ist. In der Modellrechnung atmet jeder Mensch pro Minute acht Liter Luft ein und wieder aus, jeder also pro Stunde etwa einen halben Kubikmeter. Auf die gesamte Sauerstoffmenge hat das recht wenig Einfluss – nach einer Stunde ist der O_2-Anteil in der Luft von 21 auf 20,3 Prozent gesunken. Aber der Kohlendioxidgehalt hat sich mehr als verzehnfacht: von 0,03 Prozent auf 0,5 Prozent. Da stirbt zwar noch niemand, aber es schlägt eindeutig aufs Wohlbefinden.

In abgeschlossenen Räumen steigt nicht nur der Kohlendioxid-Gehalt, sondern auch der Anteil an flüchtigen organischen Substanzen (so genannten VOCs) stark an – ein Begriff, mit dem die Chemiker ein ganzes Sammelsurium von Verbindungen bezeichnen. Dazu gehört etwa die Essigsäure, die unter dem Verdacht steht, besonders müde zu machen und die Konzentrationsfähigkeit zu senken. Aber egal ob VOCs oder CO_2: Am mangelnden Sauerstoff liegt es nicht, wenn wir über «verbrauchte Luft» klagen.

Mao hatte grüne Zähne, weil er sie sich nie geputzt hat

Stimmt. In seinem Buch «Ich war Maos Leibarzt», das 1996 erschien (und in China verboten wurde), beschreibt Li Zhisui nicht nur die Ränkespiele am Hof des Diktators, sondern auch dessen ganz persönliche Hygiene-Gewohnheiten. Dem Bericht des Leibarztes zufolge badete Mao nie, sondern ließ sich nur von seinen Bediensteten mit heißen Tüchern abreiben. Nur einmal soll er sich im Jangtse gewaschen haben, was prompt eine monatelange Erkältung zur Folge hatte. Er soll auch seine zahlreichen Gespielinnen mit diversen Geschlechtskrankheiten angesteckt haben. Und bei der Zahnhygiene setzte Mao wohl tatsächlich einzig auf die Kraft des grünen Tees – mit mäßigem Erfolg. Die grünen, faulenden Stummel beschreibt sein Arzt mit offensichtlichem Ekel.

Mit seiner seltsamen Dentalhygiene war der Vorsitzende der Kommunistischen Partei keine Ausnahme in seinem Land. Noch im Jahr 2002 beklagte die chinesische Gesellschaft für Präventivmedizin, dass sich lediglich die Hälfte des Milliardenvolks regelmäßig die Zähne putze. Maos Tee-Methode hat offenbar noch bis heute viele Anhänger. Ergänzt wird diese Form der Mundhygiene, indem man mit Hölzchen im Gebiss herumstochert, um die gröbsten Essensreste zu entfernen. Auch gibt es noch viel zu wenige Zahnärzte in dem Riesenland – rechnerisch ist jeder von ihnen für 60 000 Menschen zuständig, auf dem Land ist die Situation schlechter als in der Stadt. Mit zahlreichen Aufklärungskampagnen sollen die Chinesen nun dazu animiert werden, Zahnbürste und Zahnpasta zu benutzen und regelmäßig zum Zahnarzt zu gehen.

WER WAGT ES, MAOS PERSÖNLICHE MUND-HYGIENE-GEWOHNHEITEN ZU ÜBERNEHMEN, WOHL UM SICH BEI MIR EINZUSCHLEIMEN!?
FESTNEHMEN!

Milch ist ein «Kalziumräuber»

Stimmt nicht. Um den Nutzen und Nachteil von Milch für die Gesundheit tobt eine Art Glaubenskrieg, bei dem die Wahrheit meist auf der Strecke bleibt. Die Milchgegner behaupten: Obwohl Milch Kalzium enthält, entzieht es dem Körper letztlich dieses wichtige Element, und Osteoporose ist die Folge.

Die Wahrheit liegt eher in der Mitte: Milch kann Osteoporose weder verursachen noch verhindern. Knochenabbau entsteht im Alter durch Kalziummangel, und Milch enthält viel Kalzium. Allerdings zeigt sich, dass der Knochenabbau in den Ländern, in denen keine oder wenig Milchprodukte verzehrt werden, also in Asien oder Afrika, viel seltener ist als bei uns.

Woran liegt das? Es gibt Bedingungen, die eine Aufnahme des Kalziums in die Knochen begünstigen oder behindern. Wichtig dafür ist etwa Vitamin D. Das bekommen Menschen in südlichen Ländern praktisch «umsonst», weil die Sonnenstrahlen dessen Produktion fördern. Wir dagegen müssen es mit der Nahrung aufnehmen. Ein hoher Eiweißkonsum aber behindert den Knochenaufbau. Und wir essen nicht nur zu viel Fleisch, sondern nehmen in Milchprodukten auch Kalzium und Eiweiß gleichzeitig auf. Deshalb sollte man seinen Bedarf auch aus anderen Quellen decken, etwa Gemüse und Nüssen.

SIE HABEN GLÜCK, DASS KNOCHENABBAU HIER SELTEN IST UND KNOCHENAUFBAU DURCH ESSEN VON GEMÜSE UND NÜSSEN NICHT NÖTIG. ICH WÄRE SONST MAL RÜBER.
GEMÜSE
NÜSSE

Die Australier zogen einen Zaun quer durchs Land, um die Kaninchenplage einzudämmen

Stimmt. Die Kaninchen «landeten» in Australien, als im Jahr 1859 der Engländer Thomas Austin 24 der Mümmelmänner mit auf den Kontinent brachte. In Australien gab es vor der Besiedlung durch den Menschen außer Beuteltieren und Fledermäusen keine Säugetiere, sodass jede neu eingeführte Art sich in Abwesenheit natürlicher Feinde ungehindert vermehren konnte.

1901 beschloss eine königliche Kommission, den Südwesten des Landes, der noch weitgehend karnickelfrei war, mit einem Zaun zu schützen. Der «No. 1 Rabbit Fence» in Nord-Süd-Richtung von Küste zu Küste war mit über 1800 Kilometern der längste Zaun der Welt. Ständig mussten Ranger auf Kamelen und Fahrrädern kontrollieren, ob er auch wirklich keine Löcher hatte. Doch schon 1904 wurden westlich des Zauns Kaninchen gesichtet. Die Regierung ordnete den Bau eines zweiten und später eines dritten Zauns an, sodass die Kaninchensperre bis 1907 auf eine Länge von über 3200 Kilometern ausgedehnt wurde. Genützt hat das alles nicht viel. 1930 schrieb ein lokaler Beamter an die Regierung, die Kaninchen seien mittlerweile in dem umzäunten Gebiet zahlreicher als außerhalb. Die Hasentiere sind weiterhin eine Plage in Australien, heute dient der Zaun als Schutz gegen Emus und Dingos.

Die wilden Hunde von den Schafherden fernhalten sollte auch ein zweiter Rekordzaun, den die Australier errichteten: Der «Dingo Fence» durchzieht den Osten des Landes und war zwischenzeitlich über 8000 Kilometer lang, länger als die Chinesische Mauer. Heute sind davon immerhin noch über 5000 Kilometer übrig geblieben.

Der Genitiv-Apostroph im Deutschen («Tanja's Salon») ist ein moderner Anglizismus

Stimmt nicht. Der Apostroph bezeichnet eine Auslassung, und beim Genitiv wird nichts ausgelassen, deshalb ist das Zeichen an dieser Stelle «falsch». Aber das war nicht immer so: Seit Anfang des 17. Jahrhunderts wurde der Strich im Deutschen auch für den Genitiv benutzt, zunächst dichterisch bei Formen, wo der Poet tatsächlich etwas ausließ, um das Wort ins Versmaß zu zwängen («Gott's Verstand»), später dann auch bei Eigennamen und geographischen Bezeichnungen («Berlin's»). Die Akzeptanz hing immer davon ab, was die obersten Sprachwächter meinten: Adelung tolerierte in seinem Wörterbuch von 1811 den Genitiv-Apostroph, woraufhin der Gebrauch kräftig zunahm.

Jacob Grimm war ein Apostroph-Gegner, und Konrad Duden schloss sich ihm an. Im ersten Duden hieß es 1880: «Bei Eigennamen ist es nicht erforderlich, das S des Genitivs durch einen Apostroph abzutrennen.» Thomas Mann hat sich trotzdem nicht immer daran gehalten.

Der Genitiv-Apostroph ist also kein Anglizismus, auch wenn das Englische zu der neuerlichen Epidemie beigetragen haben mag. Nach der reformierten Rechtschreibung wird sein «gelegentlicher Gebrauch» wieder toleriert. Als falsch gelten dagegen weiterhin der Plural-Apostroph («Top-Job's», gefunden in der *Zeit*) sowie diverse kreative Neuschöpfungen, die man auf «Apostroph-Hasser-Seiten» im Netz findet: «Weihnacht'sBaum», «Bauer'n Hof», «Bierstüb'le», «Nudel'n» und «nicht's».

Efeu schädigt das Mauerwerk von Häusern

Stimmt nicht. Wenn man sich anschaut, wie ein kleines Bäumchen in der Lage ist, mit seinen Wurzeln einen riesigen Felsbrocken regelrecht zu sprengen, dann kann man angesichts einer wild die Hauswand überwuchernden Efeupflanze schon ins Grübeln geraten.

Grundsätzlich ist jedoch die Angst, Efeu würde die Hauswand zum Zerbröseln bringen, unbegründet. Efeu gehört zu den «selbstklimmenden Wandbegrünern», und er hält sich am Mauerwerk nicht mit echten Wurzeln fest, sondern mit so genannten Haftwurzeln. Das sind kleine Saugnäpfe, die nur an der Oberfläche kleben. Über diese Näpfchen wird auch kein Wasser aufgenommen – die Versorgung erfolgt über die echten Wurzeln, die im Boden verankert sind.

Zum Problem kann der Efeu jedoch werden, wenn das Mauerwerk bereits Risse hat. Dann kriechen die Füßchen nämlich in die Ritzen hinein, und wenn sie sich dann beim Wachsen ausdehnen, kann es tatsächlich zu Schäden kommen. Und noch aus einem anderen Grund sollte man sich die Wandbegrünung gut überlegen: Restlos lassen sich die Kletterpflanzen nachher kaum noch entfernen. Dazu kleben die Haftwurzeln zu effektiv am Untergrund.

ZUM PROBLEM WIRD EFEU, WENN DAS MAUERWERK RISSE HAT, DIE FÜSSCHEN IN DIE RITZEN KRIECHEN UND DORT KEINE SCHÜHCHEN VORFINDEN.

Vitamin C wirkt gegen Erkältungen

Stimmt nicht. Die Auseinandersetzung um die vorbeugende und lindernde Wirkung von Vitamin C bei Erkältungskrankheiten ist Jahrzehnte alt, und immer noch streiten sich die Experten. Dabei ist nicht umstritten, dass eine ausreichende Versorgung mit dem Vitamin wichtig ist – es geht um die besondere Wirkung hoher Dosierungen. Die hatte etwa der Doppel-Nobelpreisträger Linus Pauling propagiert. Zunächst eine Dosis von einem Gramm pro Tag (der normale Bedarf liegt bei 100 Milligramm). Später vertrat Pauling sogar die These, eine Tagesdosis von 10 Gramm und mehr würde vor Krebs schützen. Pauling starb 1994 im Alter von 93 Jahren – die Vitamine haben ihn letztlich nicht vor dem tödlichen Prostatakrebs bewahrt.

Im Jahr 2005 haben der Australier Robert Douglas und der Finne Harri Hemilä noch einmal 23 Studien aus den vergangenen 65 Jahren ausgewertet, an denen insgesamt über 11 000 Testpersonen teilnahmen. Ihr Ergebnis, veröffentlicht in der Onlinezeitschrift *PLoS Med,* bestätigt frühere Befunde: Dass Vitamin C Erkältungen verhindert, konnte bei Normalbürgern, die sich vernünftig ernähren, nicht nachgewiesen werden. Nur bei Leistungssportlern war ein kleiner Effekt erkennbar.

Hilft Vitamin C wenigstens, wenn man schon erkältet ist? Da sind die Studien widersprüchlich. Bei einigen war eine leichte Linderung der Symptome oder eine geringfügige Verkürzung der Krankheitsdauer herausgekommen. Alles in allem aber ein minimaler Unterschied zu einem Placebopräparat. Fazit: Gegen die gewöhnliche Erkältung ist weiterhin kein Kraut gewachsen – und auch kein Vitamin.

Die Spurweite der heutigen Eisenbahn geht auf die römischen Streitwagen zurück

Stimmt nicht. Die Geschichte wird gern im Internet verbreitet als ein Beispiel dafür, wie sich Standards, die irgendwann einmal willkürlich festgelegt wurden, über Jahre, sogar Jahrtausende halten können.

Zunächst einmal: Es gibt bei den Eisenbahnen der Welt die unterschiedlichsten Spurweiten, immer noch müssen an manchen Grenzen die Reisenden die Züge wechseln. Die Standardspurweite, die in Westeuropa und Nordamerika gilt, beträgt 1435 Millimeter beziehungsweise 4 Fuß und 8,5 Zoll. Gleise von insgesamt 720 000 Kilometer Länge haben diese gebräuchlichste Breite.

Die Standardspur stammt aus England. Dort wurden die ersten Eisenbahnen gebaut, und nach ein paar Jahrzehnten mit konkurrierenden Systemen obsiegte die Spurweite der Bahnen von George Stephenson. Dessen erste Eisenbahnen waren Grubenbahnen, sie zogen die Wagen, die vorher schon von Pferden gezogen worden waren. Woher kam der «krumme» Wert für Stephensons Spurweite? Er ist gar nicht so krumm, wenn man bedenkt, dass die Spurweite zwischen den Innenkanten der Gleise gemessen wird. Es ist gut denkbar, dass man damals von der runden Zahl von 5 Fuß ausging und die Breite der Schienen einfach abgezogen werden muss.

Weil es vor dem 19. Jahrhundert keinen Standard für die Spurweite gab, kann der auch nicht von den Römern übernommen worden sein. Trotzdem fällt auf, dass auch antike Straßen, die teilweise über steinerne Spurrinnen für die Pferdewagen verfügten, eine ähnliche Breite hatten. Ein Experte versichert

DIE SPURBREITE DER BAHN WIRD SICH DEREINST VON DER SPUR-BREITE MEINES STREIT-WAGENS ABLEITEN!
HUUP!

hoch und heilig, er habe bei einem teilweise erhaltenen griechischen Fahrweg am Isthmos von Korinth die magische Breite von 4 Fuß 8,5 Zoll gemessen; andere behaupten gar, die «Norm» stamme aus der Perserzeit. Aber diese Parallelen beweisen nicht, dass willkürliche Standards lange leben. Im Gegenteil: Sie zeigen, dass man an mehreren Orten unabhängig voneinander zum gleichen sinnvollen Ergebnis kommen kann – einfach weil zwei Pferdehintern nebeneinander eben eine gewisse Breite haben.

Am Amazonas gibt es einen Fisch, der Menschen in die Harnröhre kriecht

Stimmt. Es klingt doch sehr nach Männerfantasie: eine kleine Welsart namens Candirú (Zahnstocherfisch), die in die Harnröhre ins Wasser pinkelnder Männer eindringt, sich dort verhakt und nicht mehr zu entfernen ist. Und über die Tierwelt des Amazonasgebiets kursieren ja einige Legenden – die mit den Piranhas habe ich schon in «Stimmt's, Folge 3» behandelt.

Aber den Candirú gibt es tatsächlich, und er zeigt auch dieses bizarre Verhalten. Letzte Zweifel beseitigt ein Bericht des brasilianischen Urologen Anoar Samad aus Manaus, der von Zeugen bestätigt wird und im Internet mit Fotos dokumentiert ist. 1997 kam ein 23-jähriger Mann mit großen Schmerzen in Samads Klinik, der erzählte, dass beim Urinieren in einen Fluss ein solcher Fisch in seine Harnröhre eingedrungen sei. Der glitschige Candirú habe sich nicht mehr herausziehen lassen, sondern mit beängstigendem Tempo immer weiter vorangearbeitet.

Eine «Totaloperation» war nicht notwendig. Mit einem Endoskop, an dessen Spitze eine kleine Greifzange befestigt war, konnte der Urologe den 13 Zentimeter langen Fisch entfernen. Die Prozedur wurde erleichtert durch die Tatsache, dass der Fisch tot war – so waren die Widerhaken, mit denen er sich gegen das Herausziehen sträubte, bereits erlahmt.

Skeptisch bin ich allerdings gegenüber der auch von diesem Opfer aufgestellten Behauptung, der Fisch könne im Urinstrahl von Männern «bergauf» schwimmen. Ungeklärt ist auch, ob der Candirú, der auch in die Körperöffnungen anderer Fische kriecht, tatsächlich vom Urin angelockt wird. Der operierte Mann war übrigens bei der Nachuntersuchung wohlauf.

Nektarinen sind eine Kreuzung aus Pfirsichen und Äpfeln

Stimmt nicht. Ebenso wenig wie die Behauptung, die Nektarine sei durch die Kreuzung von Pfirsich und Pflaume entstanden.

In Wirklichkeit gehören nämlich der pelzige Pfirsich und die haarlose Nektarine zur selben Art, die Nektarine ist eine Mutation. Pfirsichbäume können zuweilen Nektarinen tragen und umgekehrt. Die glatte Haut ist ein rezessives genetisches Merkmal. Das bedeutet nach den Mendel'schen Gesetzen, dass aus einem Nektarinenkern durchaus ein Pfirsichbaum wachsen kann. Deshalb werden die Pflanzen auch ungeschlechtlich fortgepflanzt, indem man einen Nektarinentrieb auf einen Pfirsichspross aufpfropft.

Bei uns ist die Nektarine in den letzten Jahrzehnten populär geworden, vor allem durch Importe aus den USA. Offenbar bevorzugen viele Verbraucher die glatte Haut gegenüber der pelzigen. Das heißt aber nicht, dass die Nektarine eine neuere Züchtung wäre: In England wird sie seit dem 17. Jahrhundert kultiviert. Und in China, Persien und Griechenland gab es sie schon vor mehr als 2000 Jahren.

Zum Tode Verurteilte bekommen eine «Henkersmahlzeit»

Stimmt. Die Todesstrafe gibt es noch in vielen Ländern, und die Bedingungen, unter denen sie vollstreckt wird, sind sehr unterschiedlich. Erstaunlich ist allerdings, in wie vielen Staaten tatsächlich noch der alte Brauch der «Henkersmahlzeit» praktiziert wird. Die Praxis ist sehr alt: Schon die Ägypter, Griechen und Römer kannten die Henkersmahlzeit.

In fast allen Bundesstaaten der USA zum Beispiel kann sich der Delinquent seine letzte Mahlzeit aussuchen, und die Gefängnisverwaltung versucht, diesem Wunsch so weit wie möglich zu entsprechen. Teilweise gibt es die Einschränkung, dass das Gericht aus den in der Gefängnisküche vorhandenen Zutaten zubereitet werden muss – da wird aus dem gewünschten Hummer schon einmal ein Fischfilet. Die texanische Vollzugsbehörde hat sogar bis vor kurzem die *last meals* der Exekutierten im Internet veröffentlicht. Die Seite gibt es nicht mehr – vielleicht weil der Voyeurismus zu groß wurde, mit dem diese Details auf Websites wie deadmaneating.com genüsslich ausgebreitet wurden.

Was ist der Grund für dieses auf den ersten Blick paradox erscheinende Zuvorkommen des Staates gegenüber dem Mörder, den er kurz darauf ums Leben bringt? Der verstorbene deutsche Kriminologe Hans von Hentig sah darin einen Versuch, eine Art letztes Übereinkommen mit dem Verurteilten zu schließen. «Wer immer das Henkersmahl annimmt», schreibt von Hentig, «schließt stillschweigend Urfehde mit denen ab, die Schuld an seinem Tode tragen.»

Auf die letzte Zigarette müssen die Häftlinge in US-Gefängnissen allerdings verzichten. Auch wenn es für den Verurteilten kaum noch gesundheitsschädlich ist – das strikte Rauchverbot wird dort auch in ihrer letzten Stunde nicht aufgehoben.

In heißen Ländern sollte man eher dunkle Kleidung tragen als helle

Stimmt nicht. Die Antwort scheint auf den ersten Blick leicht, ähnlich wie bei der Frage nach den schwarzen und weißen Autos (siehe Seite 129): Schwarze Oberflächen absorbieren mehr Sonnenstrahlen als weiße. Aber Schwarz nimmt nicht nur mehr Wärme auf, es strahlt auch mehr Wärme ab. Und der menschliche Körper produziert ständig Wärme, die irgendwie nach außen geleitet werden muss. Das kann schwarze Kleidung besser.

Was wiegt nun stärker? Darauf gibt es keine eindeutige Antwort. 1978 haben drei Zoologen der Washington State University die Frage für Vögel untersucht – weißes gegen schwarzes Federkleid. Ihr Ergebnis: Es kommt auf die Nebenbedingungen an. Bei Windstille wurde schwarzen Vögeln besonders heiß, ein weißes Federkleid kühlte besser.

Die Ergebnisse kehrten sich allerdings um, als man eine leichte Brise von mehr als 10 Kilometern pro Stunde wehen ließ. Weil der Wind Hitze vom Körper wegtransportiert und so die Wärmeabstrahlung unterstützt, waren plötzlich die schwarzen Vögel im Vorteil. Am günstigsten war ein luftiges schwarzes Federkleid – das entspricht der Empfehlung, es wie die Tuareg zu halten und locker fallende dunkle Kleidung zu tragen.

Die wenigsten von uns laufen aber in wallenden Gewändern herum. In Bezug auf eng anliegende T-Shirts kamen dänische Forscher zum gegenteiligen Ergebnis: Sie ließen Testpersonen auf einem Trainingsrad strampeln und bestrahlten ihren Rücken mit künstlichem Sonnenlicht. Dabei trugen die Versuchspersonen weiße oder schwarze Hemden aus Baumwolle oder Polyester. Ergebnis: Man schwitzt in schwarzer Baumwolle am meisten, in weißem Polyester am wenigsten.

Insgesamt sind aber die Unterschiede sehr gering. Vielleicht tragen die Nomaden der Sahara ja auch deshalb Schwarz, weil sie es sich im Gegensatz zu den Mitgliedern des saudischen Königshauses nicht leisten können, täglich den sandigen Umhang zu wechseln – und auf Schwarz sieht man den Schmutz nicht so gut.

Radfahren macht impotent

Stimmt. Männliche, aber auch weibliche Freizeitradler kennen das Gefühl: Nach Radtouren fühlt sich der Genitalbereich «taub» an. Wie eingeschlafene Füße, nur eben nicht die Füße. Der Grund ist, dass beim Radeln ein großer Teil des Körpergewichts auf dem Damm lastet. Dort werden die Blutgefäße und Nerven gequetscht, was sich im beschriebenen Taubheitsgefühl äußert. Das geht zwar auch schnell wieder vorbei. Aber gibt es dauerhafte Schädigungen bei Vielfahrern?

Diese These wird seit Jahren von dem Urologen Irwin Goldstein vertreten: «Es gibt nur zwei Sorten männlicher Radfahrer. Die einen sind impotent, die anderen werden es.» Die Blutzufuhr für die Schwellkörper des Penis sinkt beim Radfahren um bis zu 80 Prozent, berichtet der Kölner Urologe Frank Sommer. Nun ist der Radler ja nicht akut auf diesen Blutfluss angewiesen, aber Mediziner berichten auch von Dauerschäden. Wer in der Woche Hunderte Kilometer fährt, bei dem führe die verminderte Blutversorgung zu Veränderungen des Penisgewebes – es wird fettreicher und vernarbt. Und es nimmt weniger Blut auf, die Erektionen werden schwächer. Das ist auch empirisch nachgewiesen worden, an Freizeit- wie an Rennradlern.

Was tun? Wichtig für die Belastung des Damms ist der Sattel. Schmale Sättel verlagern das Gewicht auf diese Stelle. Männer sollten sich nicht scheuen, die so genannten «Damensättel» zu benutzen, sie bieten mehr Fläche zum Abstützen. Am besten sind ovale Sättel, bei denen keine «Sattelnase» zwischen die Beine ragt und auf empfindliche Leitungen drückt. Der Sitz sollte nach vorn geneigt und so eingestellt sein, dass die Beine nie gestreckt sind.

ICH FAHRE VIEL RAD, UND STÄNDIG FÜHLT SICH MEIN GENITALBEREICH "TAUB" AN. DA KUCKE ICH MIR SICHER KEINE PANTOMIME AN, DIE BEQUEM LIEGEND RAD "FÄHRT".

Eidechsen können ihren Schwanz bei Gefahr abwerfen

Stimmt. Die Wissenschaft hat sogar einen Namen für das Phänomen: «Autotomie». Beim Menschen bezeichnet man damit einen Akt der Selbstverstümmelung, bei Tieren die erstaunliche Fähigkeit, sich von Teilen ihres Körpers zu trennen.

Bei der Eidechse besitzt jeder Schwanzwirbel vom sechsten abwärts in seiner Mitte eine Art Sollbruchstelle. Auch das Bindegewebe ist dort schwächer. Wenn das Tier sich bedroht fühlt, kann es mit einer kurzen Kontraktion des entsprechenden Ringmuskels ein kürzeres oder längeres Stück des Schwanzes abzwacken, ohne dass es zu großem Blutvergießen kommt.

Der Sinn dieser einschneidenden Maßnahme ist die Ablenkung des Feindes: Der Schwanz kann nämlich noch bis zu 20 Minuten lang ein gewisses Eigenleben führen. Der Fressfeind stürzt sich auf den zuckenden Fortsatz, während sich das Reptil unauffällig aus dem Staub macht.

Der abgeworfene Schwanz wächst sogar wieder nach. Allerdings ist der Ersatzschwanz nur ein schwacher Abglanz des Originals. Meist ist er nicht so aufwendig gemustert, vor allem aber enthält er kein Knochengerüst, in seinem Innern steckt nur ein ungegliederter Knorpelstab. Der Verlust des Schwanzes ist vor allem für die männlichen Echsen mit einem geringeren sozialen Status verbunden, insbesondere was die Wirkung aufs andere Geschlecht angeht. Außerdem sind die Tiere in der Regenerationsphase eine leichtere Beute für ihre Feinde – das Nachwachsen erfordert viel Energie, und die Tiere sind weniger wendig. Deshalb setzen Eidechsen die Autotomie wirklich nur als letztes Mittel ein, wenn sie ihr Leben bedroht sehen.

Adlige hatten früher ein «Recht der ersten Nacht»

Stimmt nicht. Auch wenn das «ius primae noctis» sogar in die Weltliteratur Einzug gefunden hat. So kreist Beaumarchais' Geschichte von der Hochzeit des Figaro, literarische Vorlage für die gleichnamige Mozart-Oper, um dieses fürstliche Recht.

Die Frage ist nicht, ob es in früheren Jahrhunderten Übergriffe der Gutsherren auf die leibeigenen Bauern gab – sicherlich waren damals Vergewaltigungen häufig. Auch mussten sich die Bauern oft die Zustimmung zur Ehe von ihren Herren erkaufen. Aber war das «ius primae noctis» ein verbrieftes Recht? Fast alle Indizien sprechen dagegen.

Es beginnt schon damit, dass die Jungfräulichkeit in der christlichen, vor allem katholischen Lehre regelrechten Kultstatus hat. Die Entjungferung einem anderen als dem rechtmäßigen Ehemann zuzugestehen passt nicht dazu. Und als sich die Bauern im 16. Jahrhundert erhoben, forderten sie die Abschaffung von allerlei Ungerechtigkeiten – der Raub der Jungfräulichkeit durch die Grundherren war nicht darunter.

Und schließlich mangelt es einfach an Belegen. Die Historiker wurden nur in der kleinen Schweizer Gemeinde Maur fündig. Dort gab es früher tatsächlich das Recht des Meiers (also des Bürgermeisters), mit jeder Braut der Gemeinde die Hochzeitsnacht zu verbringen. Man glaubt aber nicht, dass davon wirklich Gebrauch gemacht wurde.

Fazit des «Handwörterbuchs zur deutschen Rechtsgeschichte»: Ein Privileg des Grundherrn auf Beiwohnung in der Brautnacht einer Grundhörigen hat niemals existiert. Es ist wohl eine nicht auszurottende Männerfantasie.

Man kann mit der menschlichen Stimme Gläser zum Platzen bringen

Stimmt. Aufmerksame Leser der «Stimmt's»-Bücher erinnern sich vielleicht, dass diese Frage schon im ersten Band diskutiert wurde. Damals schrieb ich: «Es ist kein dokumentierter Fall bekannt, in dem ein Mensch mit seiner Stimme ein Glas zum Zerplatzen gebracht hätte.»

Das war damals wohl auch korrekt. Wohlgemerkt, es geht um die unverstärkte menschliche Stimme – dass man mit entsprechender Verstärkung genügend Druck aufbauen kann, um alles Mögliche zu zerstören, ist ja nicht weiter verwunderlich. Inzwischen aber ist das Kunststück tatsächlich vollbracht worden: In der 31. Folge der Sendung *Mythbusters*, erstmals ausgestrahlt im amerikanischen Discovery Channel am 18. Mai 2005, ließen die Experimentatoren tatsächlich Glas zerspringen. Der Trick besteht darin, die Eigenfrequenz des Glases zu bestimmen und es dann mit genau dieser Frequenz zum Schwingen anzuregen. Zunächst wurde das mit einer Stimme demonstriert, die elektronisch verstärkt war. Dann aber trat der Rocksänger Jaime Vendera auf den Plan, der angeblich über einen Stimmumfang von sechs Oktaven verfügt. 19-mal versagte er, aber beim 20. Versuch (und beim 12. Glas) machte es «klirr». Also: Nicht alles, was bisher nicht geschehen ist, ist deshalb schon unmöglich.

DIE BILLIGEN PLÄTZE HABEN MEIST GÜNSTIGE OPERN-GLÄSER, DIE BEI 6 OKTAVEN ZERSPRINGEN.

Bei Vollmond kann man schlechter einschlafen

Stimmt nicht. Dass der Mond nicht die Zahl der Geburten beeinflusst, haben wir schon im zweiten «Stimmt's»-Band behandelt. Aber auf den Schlaf wirken sich die Mondphasen doch aus – glauben 40 Prozent aller Menschen, wenn man sie befragt. Manche werden schon nervös, wenn die Vollmondnächte nahen – da wird der Glaube an den Mondeinfluss schnell zur sich selbst erfüllenden Prophezeiung.

Aber sogar diese Menschen schlafen dann doch meistens tief und fest, jedenfalls nicht schlechter als in anderen Nächten. Das legt das Ergebnis einer Studie nahe, die die beiden österreichischen Schlafforscher Josef Zeitlhofer und Gerhard Klösch im Jahr 2003 veröffentlichten.

Über einen Zeitraum von sechs Jahren ließen sie insgesamt 391 Testpersonen jeweils 14 Tage lang ein Schlafprotokoll führen. Die Probanden notierten jede Nacht, wie lange sie zum Einschlafen brauchten, wie oft sie in der Nacht aufwachten, wie lange sie insgesamt schliefen und wie sie die Qualität des Schlafs empfanden.

Das Ergebnis: Sowohl bei der Hälfte der Testpersonen, die unter Schlafstörungen litten, als auch bei der «normalen» Hälfte konnte kein signifikanter Unterschied in der Beurteilung des Schlafs abhängig von der Mondphase gefunden werden. Etwa ein Viertel empfand den Schlaf in Vollmondnächten sogar als besonders erholsam.

Die einzige plausible Wirkung des Vollmondes auf den Schlaf ist sein helles Licht. Und dagegen gibt es in der modernen Welt Vorhänge und Jalousien.

VOLLMOND! ICH PROPHEZEIE MIR SICH-SELBST-ERFÜLLENDE-EINSCHLAF-PROBLEME!
KÖNNTE KLAPPEN! GO SELF FULL-FILLING PROPHECY GO!

Diamanten können verbrennen

Stimmt. Diamant ist eine der wenigen Formen, in denen uns reiner Kohlenstoff begegnet – die anderen sind Graphit sowie die exotischen neuen Moleküle, die erst vor wenigen Jahren entdeckt wurden: die fußballförmigen Fullerene sowie die Kohlenstoff-Nano-Röhrchen. Isaac Newton vermutete als einer der Ersten, dass der funkelnde Stein aus brennbarem Kohlenstoff besteht; den Beweis für die Brennbarkeit erbrachten 1694 die italienischen Gelehrten Giuseppe Averani und Cipriano Targioni. Sie bündelten Sonnenlicht mit Hilfe einer starken Linse und richteten es auf einen Diamanten. Der zerbrach zunächst, aber dann verdampfte er regelrecht in der Sonnenhitze.

Damit hatten sie ein für alle Mal demonstriert, dass der edle Stein zwar sehr hart ist und fast jeder mechanischen Beanspruchung widersteht, dass man seine kostbaren Juwelen aber gut vor Hitze schützen sollte, wenn man vermeiden möchte, dass der Reichtum sich in Luft (genauer gesagt: Kohlendioxid) auflöst. Der englische Chemiker Humphry Davy wies schließlich 1814 nach, dass es sich bei Diamant um Kohlenstoff handelt.

In unserer Atmosphäre verbrennt Diamant bei 800 Grad, in reinem Sauerstoff sogar schon bei 720 Grad. Von wegen «Ein Diamant ist unvergänglich».

Hunden darf man keine Hühnerknochen zu fressen geben

Stimmt nicht. Geflügelknochen seien zu spitz und könnten splittern, heißt es oft, und viele Hundehalter verzweifeln fast vor dem flehenden Blick ihres Hundes, dem sie die Knochen angeblich nicht geben dürfen. Aber schon die Überlegung, dass in der freien Natur Wölfe Schneehühner reißen, zeigt, dass das nicht so ganz stimmen kann. Und der Fuchs, der die Gans gestohlen hat, muss einzig das Schießgewehr des Jägers fürchten, nicht aber den Tod durch Gänseknochen.

Trotzdem – wenn man ein im Ganzen gegrilltes Hühnchen verspeist, sollte man dem Hund die Hühnerknochen nicht zu fressen geben. Der Unterschied: Das Hühnchen wurde gegart, Wolf und Fuchs bevorzugen Rohkost.

Die Hühner, die wir essen, sind ein paar Wochen alt und haben weiche, elastische Knochen. Darauf kann ein Hund gefahrlos herumkauen, sie auch zerkleinern. Durchs Kochen oder Braten werden die Knochen allerdings hart und spröde und können tatsächlich splittern. Auch wenn Tierärzte kaum von durch Hühnerknochen punktierten Hundemägen oder -speiseröhren berichten – man sollte lieber vorsichtig sein.

Skorpione begehen bei Gefahr Selbstmord, indem sie sich selbst stechen

Stimmt nicht. Es gibt die Geschichten von Skorpionen, die in einen Feuerkreis gesetzt wurden, die Ausweglosigkeit ihrer Situation «erkannten» und sich mit ihrem eigenen Stachel umgebracht haben sollen. Ein Leser erzählte mir, wie weit verbreitet die Legende vom suizidalen Skorpion ist: Als er 1973 Kommandant eines U-Boots war und dieses ein Wappen erhalten sollte, auf dem ein Skorpion abgebildet war, lehnte das Kommando der U-Boot-Flotte dieses Emblem ab mit dem Hinweis auf den «Selbstmörder».

Aber Skorpione begehen keinen Selbstmord, ebenso wenig wie die Lemminge, die sich angeblich von den Klippen ins Meer stürzen (eine Legende, die im ersten «Stimmt's»-Buch behandelt wurde). Es ist strittig, ob es im Tierreich überhaupt Selbsttötungen gibt.

Die Geschichte mit dem Skorpion und dem Feuer beruht auf einer Fehlinterpretation. Skorpione sind als wechselwarme Tiere sehr hitzeempfindlich. Steigt ihre Körpertemperatur über ein gewisses Maß, etwa durch die Nähe von Feuer, so beginnen sie im Todeskampf wild zu zucken – und das wurde dann wohl als Selbstmordversuch gedeutet.

Aber selbst wenn der Skorpion sich selbst stechen würde, könnte es ihm nicht viel anhaben. Forscher von der Universität Marseille haben untersucht, ob ein Skorpion sich mit dem Nervengift, das bei anderen Lebewesen tödlich wirkt, selbst umbringen kann. Ihr Ergebnis: Das so genannte Kalitoxin, das die Nerven der Opfer lähmt, hat beim Skorpion selbst keine Wirkung.

Lachs war früher ein «Arme-Leute-Essen»

Stimmt nicht. Festgemacht wird diese «Tatsache» an der Behauptung, Lachs sei bis zum Ende des 19. Jahrhunderts ein «Brotfisch» gewesen, so häufig und billig, dass Dienstboten es sich vertraglich zusichern ließen, nur zwei- oder dreimal in der Woche Lachs essen zu müssen. Die Geschichte mit den Verträgen der Dienstboten spielt mal in Hamburg, mal in Frankfurt oder in Lettland. Oft wird sogar behauptet, dass es eine gesetzliche Bestimmung gegeben habe, nach der die Herrschaften ihren Bediensteten nicht ständig Lachs vorsetzen durften. Eine Quelle wird freilich nie angegeben – ein typisches Indiz dafür, dass es sich wohl um eine Legende handelt. Zu dem Ergebnis kam auch ein Baseler Archivar, der sich vergeblich auf die Suche nach einem historischen Beleg machte.

Der Historiker Klaus Schwarz ist der Legende in Bremen nachgegangen. In seinem Artikel «Der Weserlachs und die Bremischen Dienstboten», veröffentlicht im *Bremischen Jahrbuch* 1995/96, kommt er nicht nur zu dem Ergebnis, dass die Geschichte mit den Dienstboten Unfug ist, er hat auch die historischen Nahrungsmittelpreise recherchiert. Sein Fazit: Zu allen Zeiten war der Lachs sehr teuer, er kostete stets ein Vielfaches von Rind- oder Schweinefleisch.

Allerdings wurde früher viel Lachs in den deutschen Binnengewässern gefangen. Lachse sind Wanderfische, die ihre Jugend in Flüssen verbringen, dann ins Meer schwimmen, wo sie sich ordentlich dick fressen, um dann zum Laichen an den Ort ihrer Geburt zurückzukehren. Um 1900 wurden allein aus dem Rhein jährlich 85 000 Tonnen Lachs gefischt. 50 Jahre später war der Fisch praktisch aus allen deutschen Binnengewässern

WENN LACHS SO HÄUFIG UND BILLIG IST, MUSS WENIGSTENS DAS ANGELN SPASS MACHEN. ICH NEHME NUR LACHSE, DIE AM STRAHL DER WASSERPISTOLE HOCHSCHWIMMEN.

verschwunden – Lachse reagieren sehr empfindlich auf eine schlechte Wasserqualität. Fortan mussten die Fische erheblich aufwendiger aus dem Meer gefischt werden. Inzwischen stammen die meisten Lachse, die wir essen, aus großen Fischfarmen im Meer und sind wieder für jedermann erschwinglich.

Seit einigen Jahren wird der Lachs erfolgreich im Rhein wieder angesiedelt. Von den ausgesetzten Jungfischen sind schon einige Tausend aus dem Ozean zurückgekehrt. Aber die Zeiten des Lachsfangs in deutschen Flüssen sind wohl unwiederbringlich vorbei.

Ein Hundemaul ist sauberer als ein Menschenmund

Stimmt nicht. «Die Zunge eines Hundes ist nicht nur sein Waschlappen, sondern auch sein Toilettenpapier», sagt der amerikanische Tierarzt Gary Clemons, der in einer Radiosendung Haustierbesitzer berät. Je nachdem, was der Hund zuletzt getan hat, kann sein Maul die übelsten Bakterien enthalten, und auch im «Normalbetrieb» ist es keineswegs keimfrei, sondern mindestens genauso besiedelt wie unser Mund. Das kann man übrigens auch riechen.

Ein Grund für das Gerücht, ein Hundemaul sei sauberer als ein Menschenmund, ist die Tatsache, dass viele Bakterien artenspezifisch sind – sie befallen den Hund, aber nicht den Menschen. Das gilt aber längst nicht für alle Bazillen, siehe den Tollwuterreger, der für Mensch und Tier gefährlich ist.

Lange Zeit hieß es auch, Hundebisse seien für den Menschen weniger gefährlich als Menschenbisse. In medizinischen Studien war das angeblich sogar belegt worden. Neuere Untersuchungen legen aber nahe, dass diese Ergebnisse auf eine falsche Auswahl der Fälle zurückzuführen waren – vergleicht man die Bisse, die wirklich vergleichbar sind, so ist die Infektionsrate dieselbe: Bei etwa zehn Prozent der Bisse kommt es zu gefährlichen Entzündungen – egal, ob der Mensch von einem Artgenossen oder einem Tier verletzt worden ist.

HAT IHR HUND ARTSPEZIFISCHE BAKTERIEN, DIE NUR HUNDE BEFALLEN UND NICHT MENSCHEN?
JA ODER NEIN?

Gestillte Kinder sind intelligenter als ungestillte

Stimmt. Das jedenfalls ist das Ergebnis der meisten Studien, die sich mit dem Thema beschäftigen.

In Dänemark untersuchten Erik Lykke Mortensen und seine Kollegen vom Kopenhagener Kommunehospitalet 3000 Menschen, die zwischen 1959 und 1961 geboren worden waren. Die Mütter wurden nach ihren Stillgewohnheiten befragt, und die mittlerweile erwachsenen Kinder absolvierten einen Intelligenztest. Ergebnis: Die Kinder, die gar nicht oder maximal einen Monat lang gestillt worden waren, hatten den niedrigsten IQ (durchschnittlich 99,4), wer hingegen sieben bis neun Monate an der Mutterbrust gesaugt hatte, kam im Schnitt auf einen Wert von 106. Interessantes Detail der Untersuchung: Bei noch längerer Stillzeit nahm die Intelligenz wieder ab.

In einer so genannten Metastudie verglichen James Anderson und Kollegen im *American Journal of Clinical Nutrition* 20 Studien, die sich mit der Auswirkung des Stillens auf die kognitiven Fähigkeiten des Kindes beschäftigen. Auch hier schnitten die Stillkinder in den Tests generell besser ab.

Es sind sogar schon Kandidaten für die schlau machenden Substanzen in der Muttermilch identifiziert worden: die Fettsäuren Docosahexansäure (DHA) und Arachidonsäure (AA). In anderen klinischen Versuchen wurde nämlich gezeigt, dass Flaschennahrung, der man diese Fettsäuren zusetzt, offenbar für eine bessere Hirnentwicklung der Kinder sorgt.

Das heißt natürlich noch nicht, dass durch solche Zusätze die Muttermilch gänzlich ersetzbar wäre. Sie enthält ja einen ganzen Cocktail an Substanzen, die längst noch nicht alle identifiziert sind. Generell wird daher allen Frauen zum Stillen geraten, die dazu in der Lage sind. Während es bei uns 90 Prozent zumindest in den ersten Lebenswochen tun, liegt in den USA die Flaschenquote bei 40 Prozent.

Alle Intelligenzvergleiche zwischen Flaschen- und Stillkindern sind allerdings noch mit einem gewissen Vorbehalt zu interpretieren: Eine Korrelation lässt noch lange keinen Schluss auf eine wirkliche Ursache zu. Vielleicht neigen ja auch die gebildeteren, wohlhabenderen und um ihre Kinder besorgteren Mütter einfach generell mehr zum Stillen.

Es gibt eine Substanz, mit der man Urin in Schwimmbädern sichtbar machen kann

Stimmt nicht. Die Mär vom «Urin-Indikator» im Schwimmbad ist nicht totzukriegen, aber es handelt sich nur um ein Ammenmärchen, das wohl vor allem Kinder dazu bringen sollte, ihren Schließmuskel im Pool unter Kontrolle zu halten.

Einen solchen Indikator gibt es nicht, betont Alan Schuster, ein Fachmann für Schwimmbadzubehör, der auf seiner Website Fragen rund um den Swimmingpool beantwortet. Zwar könnte man sicherlich eine Chemikalie entwickeln, die sensibel auf geringe Spuren von Urin reagiert, aber sie würde dann mindestens ebenso oft auf andere Substanzen ansprechen und «falschen Alarm» geben.

Doch selbst wenn es einen Stoff gäbe, der das Vorkommen von Urin mit roter oder lila Farbe anzeigte – wäre das nicht sogar ein Anreiz für jugendliche Spaßvögel, die bunten Wolken zu erzeugen und dann mit dem Finger auf andere zu zeigen? «Wenn eine solche Substanz existierte, wäre jedes öffentliche Schwimmbecken leuchtend lila», zitiert die Website snopes.com einen Bostoner Bademeister.

Auch wenn die Vorstellung eklig ist – Urin im Wasser ist nicht das hygienische Hauptproblem der Schwimmbäder. Die Kolibakterien, die ja einen anderen Ursprung haben, sind viel gefährlicher. Die schlimmste Wirkung beim Pinkeln im Pool ist, dass der Urin zusammen mit dem Chlor im Becken ätzende Chloramine bildet, die für den typischen «Schwimmbadgeruch» verantwortlich sind.

AN ALLE BADEGÄSTE:
BITTE NICHT INS BECKEN PINKELN!
IHR UNTERWASSERBADEMEISTER
VOM URINWACHTURM.

Man kann sich potenzielle Partner «schön trinken»

Stimmt. Mit dem nicht sehr schmeichelhaften Ausdruck «sich jemanden schön trinken» bezeichnet man das Phänomen, dass man ein Gegenüber des anderen Geschlechts umso attraktiver findet, je mehr Alkohol man getrunken hat. Das kennt man aus Stammtischerzählungen, aber tatsächlich hat sich auch die Wissenschaft diesem Phänomen gewidmet – Barry T. Jones und seine Kollegen vom psychologischen Institut der Universität Glasgow veröffentlichten 2003 eine entsprechende Studie in der Zeitschrift *Addiction.* Je 40 nüchterne und angetrunkene Studenten beiderlei Geschlechts sollten die Attraktivität von 118 Gesichtern beurteilen, halb Männlein, halb Weiblein. Über den eigentlichen Zweck des Tests ließen die Forscher ihre Probanden im Unklaren, angeblich ging es um irgendeine Art von Marktforschung.

Als Referenz mussten die Studenten zunächst die «Attraktivität» von 114 Armbanduhren beurteilen. Tatsächlich fanden die Angetrunkenen die Uhren im Durchschnitt ein bisschen schöner als die Nüchternen. Das war jedoch nichts im Vergleich zu der anschließenden Bewertung der menschlichen Gesichter: Den alkoholisierten Studentinnen und Studenten erschienen die Porträts des anderen Geschlechts glatt um ein Viertel attraktiver als den nüchternen. Wer also kein böses Erwachen erleben will, sollte vielleicht seine Wahl treffen, bevor er anfängt zu trinken.

ICH TRINKE MIR LEUTE SCHÖN, ABER NICHT WAHLLOS.

Honig stärkt das Immunsystem

Stimmt. Schon die alten Ägypter haben sich Honig auf die Wunden geschmiert. Das ist allein deshalb eine gute Idee, weil dadurch die Wunde luftdicht verschlossen wird und Zucker ein effektives Mittel gegen Bakterien aller Art ist – er tötet sie, indem er ihnen Wasser entzieht. Deshalb ist Honig auch fast unbegrenzt haltbar.

Der süße Saft enthält aber offenbar noch weitere Stoffe, die gegen Bakterien wirken. Wissenschaftler der Universität Wales haben die antibiotische Wirkung von Honig mit der einer einfachen Zuckerpaste verglichen und im Magazin *Nature* berichtet, dass der Honig dreimal so gut wirkte wie einfacher Zucker.

Zum Beispiel enthält Honig so genannte Flavonoide, die aus dem Nektar der Blüten stammen. Hinzu kommen noch Enzyme, die von der Biene produziert werden, vor allem die Glucoseoxidase. Dieser Stoff wandelt nicht nur den Zucker um, sondern erzeugt in Wunden auch Wasserstoffperoxid, eine aggressive Substanz, die Keime tötet – und in höherer Konzentration Haare blondiert.

Die meisten Honigsorten, die man im Supermarkt kaufen kann, sind pasteurisiert – bei dieser Behandlung besteht die Gefahr, dass nicht nur Bakterien beseitigt, sondern leider auch die wichtigen Enzyme zerstört werden, obwohl die Honigverordnung das explizit verbietet. Auch das saure Milieu im menschlichen Magen setzt den Enzymen zu. Deshalb bezweifeln Chemiker eine antibiotische Wirkung des Honigs im Körper, nachdem er verzehrt wurde.

Schlafentzug hilft gegen Depressionen

Stimmt. Fast jeder von uns kennt diesen seltsam euphorischen Zustand, den man manchmal nach einer durchfeierten Nacht erlebt. Man fühlt eine wohlige Aufgedrehtheit, obwohl der Körper doch eigentlich vollkommen erschöpft ist. Erst Stunden später übermannt einen dann umso heftiger die Müdigkeit.

Offenbar geht dabei irgendetwas im Gehirn vor. Was genau geschieht, ist wissenschaftlich allerdings nicht geklärt.

Durch viele Versuche konnte aber bewiesen werden, dass diese Stimmungsaufhellung auch bei depressiven Menschen sehr gut funktioniert. Deshalb wird bei ihnen der Schlafentzug als Therapie angewandt. In einer kontrollierten klinischen Umgebung bleiben die Patienten entweder die ganze Nacht wach, oder sie werden – bei einem partiellen Schlafentzug – nur in bestimmten Schlafphasen, dem Tiefschlaf, aufgeweckt.

Der Vorteil dieser Therapie liegt auf der Hand. Sie hat außer einer gewissen Müdigkeit keine Nebenwirkungen, im Gegensatz zu Psycho-Medikamenten. Der Nachteil: Leider hält die Wirkung maximal ein paar Tage an, von einer Heilung kann keine Rede sein. Deshalb empfehlen viele Therapeuten depressiven Menschen, ein bis zwei Nächte pro Woche auf den Schlaf zu verzichten.

Alle Windräder drehen sich in dieselbe Richtung

Stimmt. Jedenfalls drehen sich alle Windkraftanlagen, die heute gebaut werden, im Uhrzeigersinn (wenn man von vorn draufschaut). Über die Gründe dafür wird in Internetforen spekuliert. So wurde zum Beispiel der Coriolis-Effekt ins Feld geführt, der ja schon die Drehrichtung des Badewannenstrudels beeinflussen soll (was nicht stimmt, siehe «Stimmt's» Folge 1). Dieser Effekt bestimmt zwar unsere vorherrschende Windrichtung – aber ob man dem Wind einen links- oder rechtsdrehenden Propeller in den Weg stellt, ist unerheblich. Auch technische Gründe für eine bestimmte Drehrichtung gibt es nicht, etwa dass bei Linksdrehung die Schrauben locker würden. Und man mag es glauben oder nicht: Es gibt in der angeblich so überregulierten EU keine Norm für die Drehrichtung von Windrädern.

Die Antwort ist viel profaner: Es hat sich halt so ergeben. Irgendwann sind die Windradhersteller formlos übereingekommen, dass es besser ist, wenn sich alle Räder in dieselbe Richtung drehen – technisch, weil man nur noch eine Sorte Rotorblätter herstellen muss, und optisch, weil ein Windpark mit einheitlich rotierenden Mühlen einfach besser aussieht.

Historisch dagegen lief die Sache genau andersherum: Zumindest in Holland scheinen sich die Windmühlen früherer Jahrhunderte alle linksherum gedreht zu haben. Wieso? Das ist unklar. Wahrscheinlichste Erklärung: Tradition.

QUIETSCH
QUIETSCH
QUIETSCH
QUIETSCH
DIE MÜHLE DREHT GEGEN DEN UHRZEIGER-SINN, EIN WIND-RAD QUIETSCHT, EINS ERZEUGT KEINEN STROM MEHR. KEIN SCHÖNER WINDPARK.

Die Erdrotation ist im Winter schneller, weil die Bäume die Blätter abwerfen

Stimmt. Der Effekt ist von Eiskunstläufern bekannt: Wenn die bei ihren Pirouetten die Arme anlegen, wird die Drehung schneller. Dahinter steckt das physikalische Gesetz von der Erhaltung des Drehimpulses.

Der setzt sich aus zwei Größen zusammen: der Winkelgeschwindigkeit und dem Trägheitsmoment. Letzteres beschreibt, wie nahe die Masse eines Körpers am Zentrum konzentriert ist. Wenn das Trägheitsmoment kleiner wird, dann muss wegen des Erhaltungssatzes die Winkelgeschwindigkeit größer werden – der Körper rotiert schneller.

Wenn die Blätter fallen, passiert prinzipiell dasselbe wie bei der Eislauf-Pirouette: Es wird Masse näher zum Zentrum der Erde bewegt. Die Frage ist nur: Fällt das bisschen Laub gegenüber der großen Erdkugel überhaupt ins Gewicht? Der erste Einwand: Wenn auf der Nordhalbkugel Herbst ist, sprießen im Süden die Frühlingstriebe. Sollten sich die beiden Effekte nicht gegenseitig aufheben? Nein. Betrachtet man die gemäßigten Zonen der Nord- und Südhalbkugel, dann stellt man fest, dass es auf der Nordhälfte erheblich größere Waldgebiete gibt als im Süden – hier die großen Kontinentalflächen von Europa, Nordamerika und Asien, dort nur jeweils ein Zipfel Südamerikas, Südafrikas und Australiens.

Es gibt also tatsächlich mehr fallendes Laub im Norden als im Süden und damit theoretisch einen Effekt. Nur – Einwand Nummer zwei – ist der gegenüber anderen Variablen wie den Gezeiten oder den turbulenten Vorgängen in der Atmosphäre überhaupt spürbar? Die erstaunliche Antwort: ja.

Das sagt jedenfalls Reiner Dassing von der Fundamentalstation im bayerischen Wettzell, die zum Bundesamt für Kartographie und Geodäsie gehört. Dort steht ein so genannter Ringlaser, Teil eines weltumspannenden Netzes von Messstationen, mit denen die Rotationsgeschwindigkeit der Erde auf Bruchteile von Sekunden genau bestimmt wird. Und tatsächlich sind die Tage kürzer, wenn bei uns Winter ist. Zwar um weniger als eine Millisekunde – aber der Unterschied lässt sich wirklich nachweisen.

Man muss den Backofen vorheizen

Stimmt nicht. Viele Backöfen in deutschen Küchen heizen leer vor sich hin – das Aufheizen dauert, je nach Modell, bis zu 20 Minuten. Auch der kalte Ofen läuft dabei mit voller Leistung, und das kostet rund eine halbe Kilowattstunde.

Nötig ist das in den seltensten Fällen. Ein empfindliches Soufflé muss vielleicht eine genau definierte Zeit bei konstanter Temperatur im Ofen sein, damit es nicht zusammenfällt – ein normaler Kuchen oder ein Braten nimmt durch die langsame Erwärmung keinen Schaden. Und erst recht keine Tiefkühlpizza.

Warum steht dann in vielen Kochbüchern und auf den Packungen von Fertiggerichten, dass man den Ofen vorheizen soll? Das hat wohl einen anderen Grund: Die Öfen heizen sich unterschiedlich schnell auf. Deshalb ist es in diesem Fall unmöglich, in den Rezepten und Kochanweisungen eine standardisierte Backzeit anzugeben. In einem «langsamen» Ofen wäre die Backzeit dann länger als in einem «schnellen».

Das Vorheizen ist also fast immer überflüssig. Und wer sich zutraut, auch ohne eine minutengenaue Vorschrift nach Gefühl oder Augenschein einschätzen zu können, wann der Braten gar oder die Pizza kross ist, und deshalb auf das Vorheizen verzichtet, der spart nicht nur Zeit, sondern auch Geld: Die Zubereitungsdauer verkürzt sich um bis zu 20 Prozent, und entsprechend wird auch weniger Energie verbraucht.

OHNE VORHEIZEN

Man soll Apfelkerne nicht mitessen, weil sie Blausäure enthalten

Stimmt nicht. Zwar enthalten die Kerne von Aprikosen, Kirschen, Mandeln und eben auch Äpfeln tatsächlich die Substanz Amygdalin, die im Körper zu giftiger Blausäure abgebaut wird. Aber so wie drei Bittermandeln keinen Menschen umbringen (dazu braucht es bei Erwachsenen etwa 50), so ist es auch praktisch unmöglich, so viele Äpfel zu essen, dass eine vergiftende Wirkung eintritt.

Viele Pflanzen sind daran interessiert, dass Tiere ihre Samen über die Welt verteilen. Deshalb bieten sie ihnen ihre Früchte als schmackhafte Nahrung an – eine tödliche Vergiftung aller Überträger wäre also völlig kontraproduktiv. Damit aus dem Apfelkern ein neues Bäumchen werden kann, muss er den Verdauungstrakt von Tier und Mensch unbeschädigt durchlaufen, und das geschieht auch meistens. Die Blausäure-Verbindung tritt dabei gar nicht in den Körper über. Nur wer die Kerne zerkaut, inkorporiert das Gift. Vielleicht enthalten die Samen ja deshalb das Amygdalin, unter dem Motto: Iss die Frucht, aber lass bitte den bitteren Kern intakt.

In der Literatur wird ein einziger Fall erwähnt (und nicht sehr gut dokumentiert), bei dem der Verzehr von Apfelkernen zum Tod eines Menschen geführt haben soll. Der Mann, von dem dort die Rede ist, vergiftete sich aber nicht, indem er haufenweise Äpfel aß – er verzehrte eine ganze Tasse voller Kerne.

Autos, die bei einem Unfall in Brand geraten, können explodieren

Stimmt nicht. Auch wenn das im Film oft so dargestellt wird – im Kino herrschen eben eigene Gesetze. Und eines davon scheint zu sein, dass ein Auto, das bei einer Verfolgungsjagd einen Abhang hinunterstürzt, in einem lodernden Feuerball aufzugehen hat. Unfallexperten sind solche Bilder ein Dorn im Auge. «Brennende Autos explodieren nie», sagt Maximilian Maurer vom ADAC, «es sei denn, sie haben Sprengstoff an Bord.» Weil das Bild von der Explosion in vielen Köpfen verankert ist, traut sich bei Unfällen kaum jemand an brennende Autos heran, und so vergehen oft lebenswichtige Minuten.

Ein Fahrzeugbrand beginnt fast immer im Motorraum. Wenn alle Türen und Fenster geschlossen sind, greift das Feuer frühestens nach zehn Minuten auf die Fahrgastzelle über. In dieser Zeit steigen im Innenraum aber die Temperatur und die Konzentration giftiger Gase. Wenn sich bewusstlose Menschen im Wagen befinden, muss dieses Zeitfenster unbedingt genutzt werden, um sie aus dem Auto herauszuziehen! Sind beim Unfall Fensterscheiben zu Bruch gegangen, kann schon nach zwei Minuten der Innenraum brennen.

Und was ist mit dem Tank? Wenn er intakt und verschlossen ist, passiert bei einem Brand meist gar nichts. Selbst wenn er beschädigt ist, gibt es allenfalls eine Verpuffung, keine Explosion. Bei dieser so genannten Deflagration brennt das Benzin schnell und zischend mit einer Stichflamme ab, es entstehen aber keine Druckwellen wie bei einer Detonation.

Frauen können Farben besser unterscheiden als Männer

Stimmt. Ich will hier keine Klischees bemühen über das Unterscheidungsvermögen von Frauen etwa bei den Farbtönen von Schuhen oder anderen Kleidungsstücken – aber tatsächlich bestätigt die Wissenschaft, dass die Welt für viele Frauen bunter ist als für Männer, vor allem im roten Teil des Farbspektrums.

Brian Verrelli von der Arizona State University hat bei 236 Menschen das Gen OPN1LW untersucht und dabei 85 Varianten gefunden. Dieses Gen steuert die Produktion eines so genannten Opsins – eines Proteins, das in der Netzhaut des Auges die Farbwahrnehmung ermöglicht. Das Gen sitzt auf dem X-Chromosom, und davon haben Frauen zwei, Männer nur eins.

Mit hoher Wahrscheinlichkeit bilden Frauen daher zwei unterschiedliche Opsine und haben damit eine differenziertere Wahrnehmung. Ein weiterer Vorteil dieser «Doppelversorgung»: Frauen leiden wegen des «Ersatzgens» seltener unter Rotgrünblindheit als Männer.

Wieso Frauen diese bessere Farbwahrnehmung haben, darüber spekuliert der Forscher auch: Sie müssten beim Beerensammeln die giftigen von den ungiftigen Früchten unterscheiden können.

HOWDY, ROTHAUT!
ICH MAG ROTHÄUTE, WEIL DIE WELT FÜR FRAUEN BUNTER IST ALS FÜR MÄNNER, VOR ALLEM IM ROTEN TEIL DES FARBSPEKTRUMS.
UND ICH MAG MÄNNER.

Dunkle Autos heizen sich im Sommer mehr auf als helle

Stimmt. Aber der Unterschied ist längst nicht so groß, wie viele meinen. Die vorschnelle Antwort ist: Eine weiße Oberfläche wirft alle sichtbaren Lichtstrahlen zurück, eine schwarze absorbiert das gesamte optische Spektrum. Die Energie dieser absorbierten Strahlen wird in Wärme umgesetzt, deshalb heizt sich ein schwarzer Gegenstand mehr auf als ein weißer.

Das ist aber nur die halbe Wahrheit. Schwarze Oberflächen absorbieren nämlich die Wellen nicht nur besser, sie strahlen sie auch in gleichem Maße besser ab, deshalb sind zum Beispiel Motorenblöcke meist schwarz. Unter idealen Bedingungen erreicht ein weißes Blech dieselbe Temperatur wie ein schwarzes – es dauert nur länger, bis diese Grenztemperatur erreicht ist. Ein gutes Bild dafür: Bei schwarzen Gegenständen ist die Tür für den Wärmeaustausch weit geöffnet, bei weißen ist sie fast geschlossen.

So weit die Theorie. In der Realität aber kommen noch andere Faktoren ins Spiel. Zum Beispiel findet die Wärmeabstrahlung zum großen Teil im infraroten Bereich statt – und da reflektiert auch ein weißes Auto nicht unbedingt alle Strahlen. In der Praxis stellt man tatsächlich fest, dass ein dunkler Wagen sich nicht nur schneller aufheizt, sondern auch einige Grade wärmer wird als ein heller. Wichtiger für die Innentemperatur ist aber die Farbe der Sitze – schwarzes Leder verbrennt nicht nur nackte Beine, sondern macht auch das Auto zur Sauna.

ICH HALTE ES NICHT MEHR AUS, NEBEN JEMANDEM ZU WOHNEN, DER SCHLEUDERSITZE HAT, WEIL IHM DAS SCHWARZE LEDER BEI HITZE DAS AUTO ZUR SAUNA MACHT.

Damit man sich in einem Spiegel ganz sehen kann, muss der mindestens die halbe Körpergröße haben

Stimmt. Da macht man sich fein für eine Feier oder für die Oper, will zu guter Letzt noch einmal den Gesamteindruck im Spiegel überprüfen – und schafft es partout nicht, seine ganze Gestalt im Spiegel zu sehen, egal ob man ganz nah herantritt oder sich so weit wie möglich entfernt.

Der Grund dafür ist tatsächlich, dass in diesem Fall der Spiegel zu klein ist. Spontan würden vielleicht die meisten sagen: Wenn man vom Spiegel zurücktritt, wird doch das Spiegelbild kleiner, also muss man irgendwann auch ganz zu sehen sein ... Davon, dass das nicht stimmt, überzeugt man sich am besten mit einer kleinen Zeichnung. Versuchen wir es an dieser Stelle mit Worten. Und zwar stellen wir uns vor, der Spiegel sei ein Fenster, und dahinter stünde ein seitenverkehrter Doppelgänger von uns. Das ist natürlich nicht so, aber es macht die Sache einfacher. Dann verbinden wir in Gedanken unser Auge mit dem Scheitel und der Sohle dieses Doppelgängers – das ist der maximale Blickwinkel, den wir brauchen. Und damit das geht, muss das «Fenster», das genau auf halbem Wege zwischen uns und dem Spiegelbild steht, eine Öffnung haben, die halb so groß ist wie der Körper – egal, wie nah wir an das Fenster herantreten. Das sagt der Strahlensatz der Mathematik. Außerdem ist es durchaus wichtig, in welcher Höhe der Spiegel hängt – die Oberkante muss sich etwas über der Augenhöhe befinden.

Nun ist der Spiegel zwar kein Fenster, wir müssten also die Lichtstrahlen, die von unserem Körper ausgehen, an der Spiegelfläche reflektieren, sodass sie ins Auge fallen. Da aber nach dem Reflexionsgesetz Einfallswinkel gleich Ausfallswinkel ist, kommt dabei exakt dasselbe heraus wie bei der Vorstellung einer durchsichtigen Glasscheibe, hinter der ein Doppelgänger steht.

Unwesentlich für die Betrachtung ist übrigens, dass unsere Augen nicht ganz oben am Körper sitzen – selbst wenn sie sich in Bauchnabelhöhe befänden, müsste der Spiegel mindestens die halbe Körpergröße haben.

Adenauer war vor seiner Politikerlaufbahn Erfinder

Stimmt. Der Kölner Oberbürgermeister und erste Kanzler der Bundesrepublik war tatsächlich ein Tüftler, und er hat sich seine manchmal skurrilen Erfindungen sogar patenentieren lassen.

Besonders in Kriegs- und Krisenzeiten war der Mann aus Rhöndorf kreativ. Im Ersten Weltkrieg, die Versorgung mit Lebensmitteln war eher knapp, suchte er nach Ersatz für die wichtigsten Grundnahrungsmittel. Ein Ergebnis war das rheinische Schrotbrot. Dessen Hauptbestandteil war aus Rumänien importiertes Maismehl. Adenauer erhielt dafür im Jahr 1915 ein kaiserliches Patent. Die Produktion musste eingestellt werden, als Rumänien zum Kriegsgegner Deutschlands wurde. Kurz vor Kriegsende entwickelte der Erfinder eine fleischlose Wurst, mit der er im heutigen Biozeitalter vielleicht mehr Erfolg hätte als damals. Seiner «Friedenswurst» aus Soja (mit Spuren von Fleisch) wurde das deutsche Patent jedoch versagt, immerhin wurde sie in England patentiert.

Zwischen den Kriegen hatte Adenauer als Politiker genug zu tun, aber als er von den Nazis kaltgestellt wurde und zu Hause saß, fing er wieder an zu basteln. Zu den Erfindungen dieser zweiten Schaffensphase gehörten ein von innen beleuchtetes Stopfei, ein elektrischer Insektentöter für den Garten und eine «Vorrichtung zur Verhinderung von Zugluft in mit geöffnetem Fenster fahrenden Autos». Kommerziell erfolgreich war keine seiner Erfindungen.

DIE NEUE NASSRASIERER-GENERATION! GILLETTE FUSION POWER 8 KLINGEN, 20 ANGEMELDETE PATENTE
WOW!
VIELLEICHT STECKT HINTER EINEM DER PATENTE NOCH EINE ERFINDUNG VON KONRAD ADENAUER.
GENIAL, DER ALTE!

Chininhaltige Getränke wie Tonicwater machen impotent

Stimmt nicht. Das mit der Impotenz ist eine Partylegende. Allerdings ist das Chinin, das aus der Rinde des Chinarindenbaums gewonnen wird, durchaus kein harmloser Stoff. Früher wurde es zur Behandlung von Malaria eingesetzt. Auch wenn die Dosierung in Tonicwater oder Bitter Lemon nicht sehr hoch ist – Chinin ist durchaus eine Droge.

Nicht Männer müssen sich vor schädlichen Wirkungen dieser Droge fürchten, sondern Frauen im gebärfähigen Alter. Das Bundesinstitut für Risikobewertung (BfR) warnt Schwangere vor übermäßigem Chiningenuss, und zwar aus zwei Gründen: Erstens hat die Substanz eine wehenfördernde Wirkung; Früh- oder Fehlgeburten sind daher nicht ausgeschlossen. Und zweitens ist es tatsächlich vorgekommen, dass eine Mutter, die in der Schwangerschaft etwa einen Liter Tonicwater pro Tag getrunken hatte, einen Säugling mit schweren Entzugserscheinungen zur Welt brachte – die glücklicherweise nur vorübergehender Natur waren. Wegen dieser Nebenwirkungen fordert das BfR, dass auf den Flaschen mit chininhaltigen Getränken entsprechende Warnhinweise aufgedruckt werden.

Der Genuss von Grapefruitsaft verändert die Wirkung von Medikamenten

Stimmt. Erst vor etwa 17 Jahren entdeckte man, dass Grapefruitsaft offenbar in der Lage ist, die Wirkung vieler Medikamente zu beeinflussen. In einigen Ländern wird auf den Beipackzetteln der betroffenen Medikamente vor dem Genuss von Pampelmusen gewarnt, in Deutschland ist das längst nicht immer der Fall.

Die Früchte enthalten so genannte Bioflavonoide. Das ist eine große Gruppe von pflanzlichen Substanzen, denen vielerlei Wirkungen nachgesagt werden. Bei der Grapefruit geht es um das Naringin, das auch für den charakteristischen Bittergeschmack verantwortlich ist. Dieser Stoff hat im Darm eine hemmende Wirkung auf die Enzyme, die dort die Wirksubstanzen von Medikamenten abbauen. Weniger Abbau bedeutet: Es gerät mehr von den Stoffen in die Blutbahn, sodass die Wirkung der Arzneien verstärkt wird.

Betroffen sind durchaus starke Medikamente, etwa Herz-, Krebs- und Asthma-Arzneien, Potenzmittel und Antidepressiva. Und ausgerechnet bei der Antibabypille reduzieren die Südfrüchte die Wirkung. Auch für Orangensaft ist nachgewiesen worden, dass er die Bioverfügbarkeit von Medikamenten reduzieren kann.

Ärzte haben schon ernsthaft erwogen, den Verstärkungseffekt der Grapefruit gezielt zu nutzen, um die Dosis eines Medikamentes herabzusetzen. Das scheitert aber am stark schwankenden Gehalt von Flavonoiden im Grapefruitsaft. Am besten verzichtet man bei der Einnahme von Medikamenten ganz auf den Genuss von Pampelmusensaft.

Der Handlauf von Rolltreppen ist oft schneller als die Treppe

Stimmt. Die Sache ist offiziell geregelt, und um die Norm- und Regelwerke zu verstehen, muss man zunächst einmal die Begriffe klären: In der Fachsprache heißt die Rolltreppe Fahrtreppe. Die Seitenwände nennt man Balustraden, und das Band, an dem man sich festhält, ist der Handlauf.

Aber reden wir ruhig weiterhin von Rolltreppen. Wie die auszusehen haben, sagt eine europäische Norm mit dem Kürzel EN 115. Darin gibt es auch eine Bestimmung über die Geschwindigkeit des Handlaufs: «Jede Balustrade muss an ihrer Oberfläche mit einem Handlauf versehen sein, der sich in derselben Richtung mit einer Grenzabweichung von 0 % bis 2 % der Laufgeschwindigkeit der Stufen, der Paletten oder des Gurtes bewegt.» Wäre der Handlauf langsamer als die Treppe, so wäre diese Abweichung eine negative Zahl – und das ist nicht gestattet.

Der Sinn dieser Bestimmung ist klar: Wäre der Handlauf langsamer, dann könnte der Benutzer, ohne es zu merken, in die Rückenlage kommen und irgendwann nach hinten kippen. Ideal wäre natürlich die perfekte Synchronisierung, aber die ist technisch schwer zu erreichen. Es gibt zwei Konstruktionsprinzipien für Rolltreppen: Im Freien und in Bahnhöfen werden meist Stufen und Handlauf vom selben Motor angetrieben. Trotzdem besteht die Gefahr, dass der aus Gummi bestehende Handlauf einen «Schlupf» hat und etwas zu langsam läuft. Kaufhausrolltreppen haben im Allgemeinen zwei Motoren, die sich nicht ganz perfekt synchronisieren lassen. Ein geringer Vorlauf, bei dem man ab und zu einmal nachfassen muss, ist

HIER KAUFHAUSDETEKTIV! BIN AUF ROLLTREPPE. MOTOR HANDLAUF LANGSAMER, MOTOR TREPPE SCHNELLER, DAMIT LADENDIEB IN RÜCKENLAGE KOMMT, OK, HAB' IHN.
MIST! ICH VERGESSE IMMER, DASS KAUF-HAUSROLLTREPPEN ZWEI MOTOREN HABEN.

einfach das kleinere Übel gegenüber einem zu langsamen Band, das eventuell zu fatalen Stürzen führen kann.

Übrigens darf der Handlauf auch nicht so locker sein, dass man ihn durch kräftiges Ziehen zum Verrutschen bringen kann. Bei modernen Rolltreppen wird das elektronisch überwacht – durch einen so genannten Handleistenschlupfkontakt.

Die Nasa hat für zwölf Millionen Dollar einen «Spacepen» entwickelt – die Russen benutzen Bleistifte

Stimmt nicht. Die russische Raumfahrtagentur verlässt sich in vielen Fällen auf einfachere, aber robustere Techniken und fährt damit offensichtlich gut – die Sojus-Kapseln aus den sechziger Jahren fliegen noch heute, während das amerikanische Spaceshuttle (eine Technik der Siebziger) längst nicht so zuverlässig funktioniert. Auf diese russische Bodenständigkeit ist die Geschichte vom Hightechkuli gemünzt. Sie wird auch des Öfteren in Zeitungsartikeln erwähnt, doch sie ist unwahr.

Erstens: Der «Spacepen», den inzwischen jeder kaufen kann, wurde nicht von der Nasa entwickelt. Der Stift, dessen Mine ständig unter Druck steht und der deshalb unabhängig von der Schwerkraft funktioniert – sogar unter Wasser –, ist eine Erfindung des Geschäftsmanns Paul Fisher. 1967 kaufte die Nasa nach umfangreichen Tests 400 Stifte bei Fishers Firma, zum Stückpreis von 2,95 Dollar.

Zweitens: Fisher steckte nur rund eine Million Dollar in die Entwicklung des Wunderstifts.

Drittens: Die russischen Kosmonauten schreiben schon lange nicht mehr mit Bleistiften. Auch wenn diese technisch robust sind, so haben sie doch den Nachteil, dass sie ständig feinen Graphitstaub absondern – und der schwebt in der Schwerelosigkeit unkontrolliert durch die Kapsel. Bricht gar die Spitze ab, dann kann sie sich in die Atemwege der Raumfahrer oder in irgendein wichtiges elektronisches Gerät verirren, mit eventuell katastrophalen Folgen. Schon seit 1969 beziehen auch die Russen ihre im Weltraum eingesetzten Kulis von Fisher.

Häufiges Waschen macht die Haut dünner

Stimmt nicht. Wer glaubt, dass man sich durch zu viel Waschen langsam die Haut wegschrubben würde, der hat eine falsche Vorstellung von ihrer Anatomie. Sie ist keine feste Hülle, die sich mit der Zeit abnutzen kann. Vielmehr befindet sie sich in einem ständigen Prozess der Erneuerung. Ganz außen befinden sich tote Hornzellen, die wir unentwegt abstoßen. Aus den tieferen Schichten wachsen neue Zellen nach. Unsere Haut heute ist also eine andere als die vor vier Wochen. Eine mäßige mechanische Abnutzung gehört zum Programm, auf die Dauer bleibt die Haut jedoch gleich dick.

Trotzdem ist allzu häufiges Waschen nicht unbedingt gut für die Haut. Das liegt nicht an der mechanischen Beanspruchung, sondern an der chemischen. Die Natur hat es vorgesehen, dass wir ständig von einem Wasser-Fett-Film überzogen sind, in der Werbung auch gern «Säureschutzmantel» genannt, der mit seinem pH-Wert von zwischen 4 und 6,5 nicht nur die Haut geschmeidig hält, sondern auch eine Umgebung schafft, in der sich schützende Bakterien wie Staphylococcus epidermis wohl fühlen – und schädliche Erreger abwehren können.

Diesen Film zerstören wir mit jedem Waschvorgang, insbesondere wenn wir stark alkalische Seife benuzten. Es wird also nicht die Haut dünner, sondern die Schutzschicht. Besonders an empfindlichen Stellen des Körpers kann zu viel Waschen daher die Haut austrocknen, die schädlichen Bakterien haben leichtes Spiel, und es können Entzündungen entstehen. Eine feste Regel, wie oft man sich waschen oder duschen sollte, gibt es nicht. Wer öfter unter juckender, rissiger Haut leidet, der sollte vielleicht seinen Waschzwang im Zaum halten.

DURCH HÄUFIGES HALSWASCHEN IST DIE HAUT SEHR DÜNN GEWORDEN (MAN SIEHT LUFT- UND SPEISERÖHRE, RÜCKGRAT UND BLUT), ABER AUCH SEHR SEHR SAUBER.

Der durchschnittliche Deutsche besitzt nur vier Bücher

Stimmt nicht. Die Behauptung wird oft noch ergänzt durch den Zusatz: «… und da ist das Telefonbuch schon inbegriffen.» Bedenkt man, dass das Telefonbuch meist in zwei bis drei Bänden kommt, ist diese Zahl viel zu niedrig angesetzt. Aber Scherz beiseite: Schon die deutsche Durchschnittsküche ist eine kleine Bibliothek. Laut einer Erhebung der Gesellschaft für Konsumforschung (GfK) stehen dort zwölf Kochbücher, und die Hälfte davon wurde sogar im Lauf des vergangenen Jahres genutzt. Die nächste Fundgrube ist das Kinderzimmer. Nach einer repräsentativen Umfrage der Bertelsmann-Stiftung unter Kölner Familien mit Kindern besaß jedes Kind im Jahr 1993 die stolze Anzahl von 55 Büchern.

Aber wie groß ist nun der Bücherbestand der deutschen Familie? Genaue Zahlen sind nicht zu bekommen. Das Statistische Bundesamt erfasst solche Zahlen nicht, denn Bücher «fallen nicht unter die langlebigen Gebrauchsgüter», heißt es aus dem Amt. Der Börsenverein des Deutschen Buchhandels weiß zwar, dass 2003 in Deutschland 770 Millionen Bücher verkauft wurden, also etwa zehn Stück pro Einwohner, aber was die Kunden mit den Büchern machen und wie viele davon dauerhaft im Regal landen, ist dort nicht zu erfahren. In einer Studie der Stiftung Lesen sollten die Befragten im Jahr 2000 ihren Bücherbestand grob schätzen. Danach besaß jeder zweite Haushalt mehr als 50 Bücher, jeder elfte sogar über 250. Und trotz des Vorurteils, die Deutschen würden immer weniger lesen, sind diese Zahlen sogar im Steigen begriffen.

DIE IDEALE URLAUBSLEKTÜRE. ZU HAUSE KUCKT MAN DOCH NUR REIN, WENN MAN EINE GANZ BESTIMMTE NUMMER BRAUCHT.
DAS TELEFONBUCH A-K

«Kühe umschubsen» ist eine beliebte Freizeitbeschäftigung der Landjugend

Stimmt nicht. Beim «Küheschubsen» *(cow tipping)* handelt es sich um einen weltweit verbreiteten Mythos. Es ist eine Geschichte, wie sie die Leute aus ländlichen Gegenden gern den Städtern erzählen: Die angetrunkene Landjugend begibt sich des Nachts auf die Weiden und schmeißt Kühe um. Aber diesen Brauch gibt es nicht, und die vereinzelten anekdotischen Berichte darüber sind sehr unglaubwürdig.

Tun wir zunächst einmal so, als würde die Kuh völlig starr wie ein Holzmodell auf der Weide stehen. Vielleicht macht sich der durchschnittliche Stadtbewohner nicht klar, was für eine Masse er da vor sich hätte: 700 Kilo Rindvieh sind kein Pappenstiel. Im Internet gibt es einige Musterberechnungen für die Dynamik des *cow tipping.* Die Ergebnisse variieren, aber die Autoren sind sich einig, dass ein einzelner Mensch keine Kuh umwerfen könnte. Die Zahl der benötigten Schubser schwankt je nach Quelle zwischen zwei und fünf.

Aber eine Kuh steht nicht starr schlafend auf der Wiese, im Gegensatz zu Pferden, die ihre Beine regelrecht versteifen können. Kühe schlafen im Liegen. Im Stehen dösen sie lediglich vor sich hin. Bei einem Schubsversuch würden sie entweder der Attacke ausweichen oder aber gleich zum Gegenangriff übergehen. Die Berechnungen sind also graue Theorie – selbst mehrere angetrunkene Bauernjungen werden es wohl nicht schaffen, ein Rindvieh umzuwerfen.

Modernen Schweinen wurden zusätzliche Rippen «angezüchtet»

Stimmt nicht. Seit der Mensch das Wildschwein domestiziert hat, also in den vergangenen 10 000 Jahren, hat es sich gewaltig verändert: Es ließ die Ohren hängen, ringelte den Schwanz und bildete den Rüssel zurück. Es wurde größer, weil der Mensch mehr Muskelmasse wollte. Das alles geschah natürlich durch Züchtung, das heißt: Der Mensch selektierte die Tiere nach seinen Verwertungskriterien. Dabei nahm auch die Zahl der Rippen zu. Während das Wildschwein über 12 Rippenpaare verfügt, sind es beim modernen Hausschwein mehr. Für eine Doktorarbeit in Schweinegenetik an der Universität Kiel wurde nachgezählt: Mehr als die Hälfte der Schweine hatte 16 Rippen, ein kleinerer Teil 15, und zwei Prozent waren XL-Schweine mit 17 Rippenpaaren.

Wurde die zusätzliche Rippenzahl nun gezielt herbeigezüchtet, um mehr Koteletts zu bekommen? Das bestreitet Ernst Kalm, der das Institut für Tierzucht und Tierhaltung an der Universität Kiel leitet. «Die Schweine wurden nicht nach ihrer Rippenzahl selektiert.» Das bestätigt auch Martina Henning von der Bundesforschungsanstalt für Landwirtschaft. Henning berichtet von regelrechten Moden bei der Schweinezucht. So sei früher das runde, kurze Schwein mit sehr dicken Koteletts bevorzugt worden, heute setze man eher auf Länge – wegen der Fleischqualität, nicht wegen der Zahl der Rippen.

Mit dem 20-Rippen-Turboschwein ist aber auch in Zukunft nicht zu rechnen. «Man darf das System Tier nicht überfordern», sagt Martina Henning. Das Herz und andere Organe des Schweins sind nämlich bei der Zucht nicht mitgewachsen,

VOM WILD- ZUM XL-SCHWEIN IN 3 AKTEN
ERSTER AKT WILDSCHWEIN. ES IST SAUER, WEIL DAS XL-SCHWEIN SCHLECHT DURCHBLUTET IST UND DESHALB STÄNDIG MASSIERT WIRD. DAS WILDSCHWEIN WILL AUCH MASSIERT WERDEN, WIRD ABER VOM MASSEUR BLOSS IN DIE MANEGE GEDRÄNGT.

und so haben in der Vergangenheit die auf Masse getrimmten Tiere häufig mit Kreislaufproblemen und Stress zu kämpfen gehabt. «Seit etwa 20 Jahren ist diese Entwicklung gestoppt», sagt die Forscherin. Und das liegt nicht unbedingt daran, dass die Züchter ihr Herz für die arme Kreatur entdeckt hätten. Das schlecht durchblutete Fleisch der Superschweine war einfach von minderwertiger Qualität und enthielt große Mengen Wasser. Das ging dann oft nicht erst in der Pfanne des Verbrauchers verloren, sondern schon beim Abhängen der Schweinehälften bei den Metzgern. Denen sei «das Geld regelrecht weggetropft», sagt Henning.

Wunden heilen besser an der Luft

Stimmt nicht. «Es ist ein Ammenmärchen, dass Wunden an der Luft am besten heilen», sagt der Expräsident der Deutschen Gesellschaft für Wundheilung und Wundbehandlung, Wolfgang Vanscheidt. Die intuitive Vorstellung, die Wunde müsse trocknen, dann sei alles gut, ist irrig – im Gegenteil, solange sie feucht ist, können die Enzyme und Hormone, die für die Heilung sorgen, sich frei bewegen und ihr nützliches Werk tun. Harter Schorf dagegen schützt zwar die Wunde vor Schmutz – das ist sein Zweck –, aber er behindert auch die Heilung und fördert die Narbenbildung. In Krankenhäusern ist der Vorteil der feuchten Wundheilung seit langem Allgemeingut – nur in der Bevölkerung hat es sich noch nicht so richtig herumgesprochen.

Eine Gefahr gibt es, wenn man die Wunde feucht hält: dass sich darin Bakterien munter weitervermehren können. Inzwischen gibt es aber auch für den Alltagsgebrauch spezielle Salben und Gelpflaster, die die Wunde vor Verunreinigung schützen und sie gleichzeitig feucht halten sowie die Bakterienvermehrung hemmen. Darunter heilen die Wunden teilweise doppelt so schnell wie unter einem herkömmlichen Pflaster.

Das Hornberger Schießen hat tatsächlich stattgefunden

Stimmt nicht. Wenn wir sagen, etwas sei ausgegangen wie das Hornberger Schießen, dann reden wir von Ereignissen wie etwa politischen Gipfeltreffen, um die viel Lärm gemacht wird, bei denen aber am Ende wenig herauskommt. Sogar bei Schiller wird es zitiert. In den «Räubern» sagt im 1. Akt Spiegelberg zum Räuber Moor: «Da ging's aus wie's Schießen zu Hornberg und mussten abziehen mit langer Nase.»

Das Städtchen Hornberg liegt im Badischen. Alljährlich wird dort das historische Hornberger Schießen als Freilichtspiel aufgeführt, im Jahr 2005 zum 50. Mal. Es handelt von einer Begebenheit, die auf das Jahr 1564 datiert wird. Der Herzog von Württemberg (damals gehörte die Stadt noch zu seinem Machtbereich) hatte sich angekündigt, und die Hornberger wollten ihn mit Salutschüssen begrüßen. Als der Stadtwächter in der Ferne eine Staubwolke ausmachte, begann das Böllern – aber es handelte sich nur um einen Hirten mit seiner Herde. Dann begrüßte man irrtümlich einen fahrenden Händler mit seinem Eselskarren. Als schließlich der wirkliche Herzog durchs Stadttor zog, hatten die Hornberger ihr Pulver verschossen und mussten ihn mit kräftigen «Piff-Paff»-Rufen empfangen. Beim heutigen Festspiel übernimmt die örtliche Feuerwehr das Böllerschießen.

Die Hornberger erzählen noch eine zweite Version. Im Jahr 1519 sollen die benachbarten Villinger die Stadt angegriffen haben. Die Verteidiger «begannen ein mörderisches Schießen, dass die Äste von den Bäumen spritzten», wie ein späterer Chronist schreibt, trafen aber so schlecht, dass die Villinger nur

ICH WILL NICHT, DASS DIESER AST VOM BAUM „SPRITZT“.
PIFF
PAFF
HORNBERG
WIR SCHIESSEN, DASS DIE ÄSTE VON DEN BÄUMEN SPRITZEN.
KRALL
PIFF PAFF
SONDERN VON MIR LOSGELASSEN SENKRECHT FÄLLT.

warten mussten, bis die Munition alle war, und die Stadt einnehmen konnten. Obwohl beide Begebenheiten mit genauen Jahreszahlen versehen sind, ist keine wirklich historisch belegt. «Eine von beiden ist aber bestimmt wahr», heißt es im Hornberger Fremdenverkehrsamt. Doch in der Wissenschaft wird aus zwei schlechten Quellen nicht eine gute. Deshalb muss das Urteil vorerst lauten: Nette Geschichten, aber wohl eher Legenden.

Schlangenbisse soll man aussaugen

Stimmt nicht. Zugegeben, es sieht im Western immer sehr ritterlich aus, wenn der Helfer mit dem Messer die Wunde des Bissopfers aufschneidet und das Schlangengift heraussaugt. Ein probates Mittel gegen die Vergiftung ist das aber nicht. Im Gegenteil: Wer in der Wunde herumschneidet, sorgt für eine höhere Durchblutung des Gewebes und damit für eine schnellere Verteilung des Gifts im Blutkreislauf.

Was das Saugen angeht: Es werden sogar Pumpen verkauft, speziell für das Aussaugen von Wunden nach dem Schlangenbiss. Kann man so überhaupt das Gift aus dem Körper holen? 2004 wollten Ärzte von der University of California es wissen. Sie injizierten acht Freiwilligen eine Flüssigkeit, die in ihrer Konsistenz dem Gift einer Schlange entsprach, und versahen die Männer mit Wunden, die dem Biss einer Klapperschlange ähnelten. Nach drei Minuten saugten sie mit einer dieser Pumpen Blut aus der Wunde, eine Viertelstunde lang. Die Menge des Pseudogifts, die sie dabei zurückgewannen, war «insignifikant». Der Körper nimmt also offenbar solche Substanzen zu schnell auf, als dass man sie durch Saugen wieder herausbekäme. «Die Vermarktung dieser mechanischen Sauggeräte», sagte der Studienleiter, Michael Alberts, «ist wahrscheinlich nicht gerechtfertigt, weil sie in unserer Studie nicht funktioniert haben und die Sache möglicherweise noch schlimmer machen.» Weil man das Gift auf diese Weise nicht herausbekommt, erübrigt sich auch eine zweite Frage, die in dem Zusammenhang immer wieder gestellt wird: ob der Helfer sich vergiften kann, wenn er die Wunde aussaugt.

Die beste Erste Hilfe bei Schlangenbissen: Man sollte das

Opfer ruhigstellen, insbesondere die betroffene Körperregion, und für einen möglichst schnellen Transport ins nächste Krankenhaus sorgen.

Man kann mit einem kräftigen Tritt Straßenlaternen «austreten»

Stimmt. Eine Geschichte aus der Abteilung «Nächtliche Streiche angetrunkener männlicher Jugendlicher»: Tritt man mit Gewalt gegen eine Straßenlaterne, so scheppert diese nicht nur laut, sondern soll auch für einige Minuten erlöschen. Aber während wir das «Küheschubsen» ins Reich der Fabel verweisen können (siehe S. 144), kann man die Laternen tatsächlich austreten. Haben die Straßenlaternen eine Art Wackelsensor, der bei Erschütterung die Stromzufuhr kappt?

Die Erklärung ist viel profaner. «Jawohl, dieses Phänomen kennen unsere Spezialisten», erklärt Markus Rademacher von der Firma Osram. Bei der Straßenbeleuchtung kommen vor allem so genannte Quecksilberdampflampen und Natriumdampflampen zum Einsatz.

Die leuchten, ähnlich wie eine Neonröhre, nicht dadurch, dass ein Glühfaden erhitzt wird, sondern durch einen Lichtbogen, der in einer entsprechenden Gasatmosphäre zwischen zwei Elektroden entsteht und der offenbar so empfindlich ist, dass er regelrecht abreißen kann, wenn die Laterne durch einen kräftigen Tritt erschüttert wird.

Dann wird's duster, obwohl die Lampe weiterhin mit Strom versorgt wird. Der Lichtbogen muss neu aufgebaut werden. «Das kann allerdings erst dann wieder geschehen, wenn die Lampe abgekühlt ist», sagt Rademacher. Die Dunkelheit dauert zwischen eineinhalb und zwei Minuten. So lässt sich bei einer nächtlichen Tret-Tour theoretisch durchaus ein ganzer Straßenzug kurzzeitig verdunkeln. Praktisch gefährdet man damit allerdings die Verkehrssicherheit.

Kokosmilch ist ein Blutplasma-Ersatz

Stimmt. Einen Ersatz für das menschliche Blut gibt es bis jetzt nicht – deshalb ist die Medizin immer noch auf leibhaftige Blutspender angewiesen, um mit diesem ganz besonderen Saft in Notfällen Opfern zu helfen. Wenn Spenderblut knapp ist, etwa im Krieg, kommen die Menschen manchmal auf die seltsamsten Ideen. Zwar kann man die roten Blutkörperchen, die den Körper mit Sauerstoff versorgen, nicht so einfach ersetzen. Anders ist es beim Blutplasma – also der Flüssigkeit, in der die Blutkörperchen schwimmen. Das Plasma macht etwa 55 Prozent des Blutvolumens aus, es ist eine klare Flüssigkeit und weit mehr als ein reines Transportmedium: Blutplasma enthält wertvolle Nährstoffe und die Gerinnungsfaktoren, die das Verbluten verhindern.

Kokosmilch wird hergestellt, indem man das Fruchtfleisch der Kokosnuss mit dem in der Nuss enthaltenen Kokoswasser mixt. Dieses Wasser ist es, das im Zweiten Weltkrieg, genauer gesagt an der pazifischen Front, tatsächlich in Notzeiten als Plasma-Ersatz Verwendung fand. Zwei Eigenschaften prädestinieren das Kokoswasser dazu: Erstens ist es steril, eine Seltenheit in tropischen Dschungeln, und zweitens ist es isotonisch, hat also einen ähnlichen Salz- und Nährstoffgehalt wie das Original – reines Wasser wäre als Infusion nämlich keine Alternative. Aber natürlich kann das Wasser aus der Nuss das Blut nicht komplett ersetzen.

Wenn man den Heizkörperthermostaten voll aufdreht, wird die Wohnung schneller warm

Stimmt nicht. Viele Menschen haben den Unterschied zwischen einem Wasserhahn und einem Thermostaten nicht verstanden. Früher hatten die Heizungen tatsächlich ein Ventil, das wie ein Wasserhahn funktionierte: Je weiter man es aufdrehte, umso mehr heißes Wasser floss durch den Heizkörper, und entsprechend wärmer wurde es im Raum. Das führte zu gigantischer Energieverschwendung, weil die Stärke der Heizung nicht mit der Raumtemperatur rückgekoppelt wurde.

Seit vielen Jahren aber sind bei uns Thermostatventile vorgeschrieben. Die übernehmen das Auf- und Zudrehen des Wasserflusses: Im Prinzip kennt ein Thermostat nur zwei Zustände: «Ventil auf» und «Ventil zu». Ist das Zimmer kalt, lässt er Wasser fließen, und wenn die gewünschte Temperatur erreicht ist, stellt er den Zustrom ab. Dreht man den Thermostaten voll auf, wird also nicht stärker geheizt – es wird nur die Wunschtemperatur höher eingestellt.

Ich schrieb «im Prinzip» – auch ein Thermostat hat einen kleinen Bereich, in dem er den Fluss kontinuierlich regelt. Wenn man zum Beispiel eine Wunschtemperatur von 20 Grad einstellt und es im Raum 12 Grad kalt ist, dann wird das Ventil bis 19 Grad praktisch den vollen Durchfluss haben und dann erst langsam zumachen. In einem engen Bereich von wenigen Grad um die Wunschtemperatur arbeitet das Ventil also kontinuierlich – ansonsten kann man es als einen Ein-Aus-Schalter betrachten. In der Praxis wird es der Mensch nicht schaffen, durch manuelles «Nachregeln» effektiver und schneller als ein Heizkörperventil den Raum zu erwärmen.

Aufgeklebte Silhouetten von Greifvögeln auf Fenstern verhindern, dass Vögel dagegenfliegen

Stimmt nicht. Die aufgeklebten Vogelsilhouetten mögen gut gemeint sein, ein wirksames Mittel gegen den Vogeltod sind sie nicht, sagen die Naturschutzverbände. Den starren Umriss hält kein Singvogel für einen Feind – allenfalls für ein Hindernis, das es zu umfliegen gilt. Und dann knallt das arme Tier neben dem Aufkleber ans Glas.

Der Hauptgrund für die Vogelkollisionen ist nicht, dass das Glas durchsichtig ist – dahinter liegt ja meist ein dunkleres Zimmer. Irritiert werden die Vögel vor allem durch Reflexionen. Wer sie davor schützen will, der hat im Moment nur unbefriedigende Möglichkeiten: Entspiegeltes Glas ist sehr teuer. Gegen die Spiegelungen hilft es, die Fenster von außen seltener oder gar nicht zu putzen, aber das ist nicht jedermanns Sache. Ein wirklich sicheres Mittel ist es, den Scheiben etwa mit kreuzweise aufgebrachten Klebestreifen ein deutlich sichtbares Muster zu verpassen – allerdings sitzt dann der Mensch optisch hinter Gittern.

Eine neue Idee stammt von Friedrich Buer und Martin Regner aus Neustadt an der Aisch: Sie wollen die Tatsache ausnutzen, dass Vögel auch ultraviolettes Licht sehen können, das der Mensch nicht wahrnimmt. Manche Spinnen zum Beispiel haben UV-reflektierende Seide und schützen so ihr Netz. Der Mensch könnte mit Sonnenschutzmitteln ein Muster auf die Scheibe zeichnen. Diese Mittel absorbieren UV-Licht, sodass sich das Muster für die Vögel dunkel vor dem Hintergrund abhebt. Aber das verschmiert natürlich auch die Glasscheibe,

VOGEL-SILHOUETTEN VERHINDERN NICHT, DASS VÖGEL GEGEN SCHEIBEN FLIEGEN.
ICH HAB' EIN NEST DAVOR GELEGT.
BONK
VÖGEL KUCKEN NEUGIERIG NACH UNTEN UND KNALLEN WENIGSTENS NICHT MIT DEM GESICHT DAGEGEN.

deshalb plädieren die beiden Vogelschützer dafür, die Scheiben mit einem Muster aus einer UV-Beschichtung zu versehen, die für uns Menschen unsichtbar ist. Noch haben sie keinen Hersteller gefunden, der mit ihnen eine solche Beschichtung entwickelt.

Die meisten männlichen Amerikaner sind beschnitten

Stimmt. Bei uns werden nur wenige Jungen beschnitten, in anderen Ländern ist der Prozentsatz erstaunlich hoch, nicht nur bei Juden und Moslems, die ihre männlichen Babys traditionell dieser Prozedur unterziehen: In den USA etwa wird die Mehrheit der Jungen beschnitten. Und gerade dort wird behauptet, dass die Sache aus hygienischen Gründen sinnvoll sei, nicht nur bei eindeutigen medizinischen Indikationen wie der so genannten Phimose oder Vorhautverengung.

Welche nichtreligiösen Gründe könnte man haben, an dieser empfindlichen Körperstelle ein Stück Haut wegzuschneiden? Im 19. Jahrhundert kam im viktorianischen England die Idee auf, die Beschneidung des Penis könnte Jungen vom Masturbieren abhalten. Diese Vorstellung verbreitete sich bald über die gesamte englischsprechende Welt. Dazu kamen noch ein paar vermeintliche Argumente, etwa ein hygienisches: Der beschnittene Penis sei leichter sauber zu halten.

Die puritanischen Ziele wurden jedoch nicht erreicht, die Selbstbefriedigung ließ sich durch die Beschneidung nicht eindämmen. So wurde in fast allen Ländern von der Praxis wieder Abstand genommen; in Großbritannien liegt die Rate heute unter einem Prozent – nur in den USA wird weiterhin eifrig beschnitten. In den siebziger Jahren waren es fast 90 Prozent der Jungen, heute werden immerhin noch 60 Prozent dieser Prozedur unterzogen, mit starken regionalen Unterschieden: Während die Rate im Westen des Landes nur noch ein Drittel beträgt, ist sie im konservativen «bible belt» weiterhin hoch. Und immer noch wird der medizinisch nicht notwendige

Schnitt in der Mehrheit der US-Staaten von der Krankenkasse bezahlt.

Bleibt noch ein medizinisches Argument: dass die Beschneidung das Risiko von Infektionskrankheiten hemme. Das wurde immer wieder behauptet und immer wieder abgestritten. Im Frühjahr 2007 erschien nun eine Studie in der Fachzeitschrift *The Lancet,* die zu dem Ergebnis kommt: In Afrika scheint die Beschneidung Männer vor einer Aids-Ansteckung beim heterosexuellen Verkehr zu schützen – das Infektionsrisiko ist bei ihnen um 60 Prozent gesenkt. Die Forscher von der University of North Carolina meinen, dass die Beschneidung eine Maßnahme zur Eindämmung der Epidemie sein kann.

Autos mit Kat darf man nicht anschieben

Stimmt nicht. Das würde ja heißen, dass man praktisch kein Auto mehr anschieben dürfte. Denn es gibt kaum noch Benziner ohne Kat, und beim Diesel ist das Anschieben wegen der höheren Kompression sowieso kaum möglich. Wenn man also einmal nachts die Innenbeleuchtung des Autos hat brennen lassen und am Morgen die Batterie schwächelt, muss man dann wirklich den Pannendienst holen, oder darf man sich vom Nachbarn Starthilfe per Muskelkraft geben lassen? Hinter dem Anschiebverbot steckt die Befürchtung, durch die Startversuche könnte unverbrauchter Sprit in die Auspuffanlage gelangen, und dieser könnte sich später, wenn der Wagen wieder läuft, entzünden und den Katalysator schädigen. Die Automobilclubs sehen die Sache gelassener. «Springt das Fahrzeug nur wegen einer leeren Batterie nicht an, spricht nichts gegen ein kurzes Anschieben oder Anschleppen bei kaltem Motor», sagt beispielsweise der österreichische ÖAMTC. Auch der ADAC hat in diesem Fall keine Einwände. Der kurze Schubs, den der Motor zum Anspringen braucht, schadet dem Kat nicht.

Anders sieht die Sache jedoch aus, wenn der Wagen bei warmem Motor und intakter Batterie nicht starten will. Dann liegt das Problem woanders, zum Beispiel in der Zünd- oder Kraftstoffanlage. In dem Fall sollte man langes «Orgeln» mit dem Anlasser ebenso unterlassen wie das Anschieben oder Anschleppen. Denn abgesehen davon, dass es sowieso nichts bringt: Durch solche langen Startversuche kann tatsächlich eine relevante Menge Sprit in den Auspuff gelangen, mit den erwähnten bösen Folgen für den Katalysator.

DER NETTE NACHBAR KANN NICHT GUT ANSCHIEBEN, DER BLÖDE NACHBAR WEIGERT SICH. DOOF, WENN DER OPEL REIHENHAUS STARTPROBLEME HAT.

Beim Kochen benutzter Alkohol verdampft vollständig

Stimmt nicht. Alkohol ist eine beliebte Zutat in der Küche – sei es das Käsefondue mit Weißwein und Kirschwasser, sei es das Coq au Vin oder auch der Pudding mit Amaretto.

Der Alkohol dient ja nur dem Geschmack, sagen sich Hausfrau und -mann, der «verkocht» im Handumdrehen. Aber schon ein Besuch auf dem Weihnachtsmarkt müsste sie eigentlich eines Besseren belehren. Dort steht der Glühwein oft stundenlang auf der Heizplatte, und trotzdem enthält er noch eine Menge «Umdrehungen» und nicht nur Wasser, Nelken und Zimt. Offenbar verträgt Alkohol doch einiges an Hitze, auch wenn sein Siedepunkt niedriger ist als der von Wasser.

Wie viele Prozente bleiben, haben Forscher von der University of Idaho im amerikanischen Städtchen Moscow im Auftrag des US-Landwirtschaftsministeriums erkundet. Wenn eine kochende Soße oder Suppe mit Wein oder Schnaps veredelt und dann vom Herd genommen wurde, waren 85 Prozent des Alkohols beim Servieren noch vorhanden. Je länger die Flüssigkeit kochte, umso geringer war der Wert. Nach einer halben Stunde waren es noch 35 Prozent, und selbst eine Mahlzeit, die im Ofen oder auf dem Herd zweieinhalb Stunden vor sich hin köchelte, enthielt noch fünf Prozent der ursprünglichen Alkoholmenge.

Also Vorsicht mit dem Alkohol, wenn man Gäste hat: Sind Kinder darunter, religiös motivierte Abstinenzler oder trockene Alkoholiker? Dann sollte man vielleicht auf den guten Schuss verzichten.

ES GEHT DARUM, OB ALKOHOL BEIM KOCHEN VOLLSTÄNDIG VERDAMPFT. ICH FINDE, SO EIN STREIT GEHÖRT NICHT IN EINE KNEIPE, SONDERN IN EIN RESTAURANT.

Auch über 20 Jahre nach Tschernobyl sind Wild und Pilze noch radioaktiv belastet

Stimmt. Bei dieser Reaktorkatastrophe in der Ukraine wurden am 26. April 1986 die unterschiedlichsten radioaktiven Atomkerne freigesetzt. Deren Halbwertszeit (also die Zeit, in der statistisch die Hälfte der Kerne zerfällt) ist jedoch äußerst unterschiedlich: So ist der Fallout von Jod-131 (Halbwertszeit: 8 Tage) und Cäsium-134 (2 Jahre) praktisch verschwunden. Sorgen macht vor allem das Isotop Cäsium-137 mit seiner Halbwertszeit von 30 Jahren. Im Ökosystem Wald bleiben die radioaktiven Elemente weitgehend erhalten, weil dort ein Nahrungskreislauf besteht. Die strahlenden Stoffe sammeln sich zum Beispiel in Trüffeln an, die dann von Wildschweinen ausgebuddelt und gefressen werden.

In Deutschland ist vor allem Bayern betroffen, das die Hauptlast der Tschernobyl-Wolke abbekam. Dort betragen auch heute noch die Belastungswerte für Wildschweinfleisch das Elffache des Grenzwerts für Nahrungsmittel, einzelne Schweine wiesen sogar die hundertfache Menge auf. Die Cäsiumbelastung der südbayerischen Böden ist seit Tschernobyl nur um etwa ein Viertel gesunken. Das Erbe der Katastrophe bleibt uns also noch eine Weile erhalten – nach Schätzungen des Bundesamtes für Strahlenschutz mindestens bis 2030.

Manche Menschen haben das Herz auf der rechten Seite

Stimmt. In Deutschland wird etwa einer von 20 000 Säuglingen mit komplett vertauschten Organen geboren. Beim so genannten Situs inversus liegen die Organe nicht nur auf der anderen Seite als bei der Mehrheit der Menschen, sie sind auch strukturell gespiegelt. Seltener ist der Situs ambiguus – dabei haben die Organe ihre ganz gewöhnliche Form, sitzen nur an der «falschen» Stelle im Körper. Die spiegelbildliche Anordnung der Organe an sich ist gar kein Problem. Trotzdem haben Menschen mit gespiegelten Organen oft gesundheitliche Beschwerden, vor allem der Atemwege.

Das hat die Mediziner lange erstaunt, bis sie auf die Ursache dieses so genannten Kartagener-Syndroms stießen, das auch als Primäre Ciliäre Dyskinesie bekannt ist: Es ist die Unbeweglichkeit der Zilien – feiner Härchen, die alle unsere Körperhöhlen von innen bedecken. In der Lunge sorgt die konzertierte Bewegung dieser Härchen dafür, dass Fremdkörper und Schleim nach draußen transportiert werden. Weil die Schwänze der Spermien sich nach demselben Prinzip bewegen, leiden Männer mit Kartagener-Syndrom oft unter Fruchtbarkeitsstörungen.

Die Zilien spielen aber auch eine Rolle bei der Entwicklung des Embryos. Der ist zu Beginn völlig symmetrisch, aber an einem bestimmten Punkt der Entwicklung sorgen bewegliche Härchen dafür, dass gewisse Botenstoffe ungleichmäßig verteilt werden. Bei Menschen mit unbeweglichen Zilien entscheidet daher der Zufall über die Orientierung der Organe – und bei der Hälfte ergibt sich die «seitenverkehrte» Orientierung.

«Made in Germany» wurde von den Engländern eingeführt, um minderwertige deutsche Produkte zu kennzeichnen

Stimmt. Deutschland war Ende des 19. Jahrhunderts sozusagen der ferne Osten Großbritanniens: Die Löhne waren niedriger, die Arbeitszeiten länger, man kupferte Produkte der alteingesessenen Industrienation England ab. Die britischen Fabrikanten fühlten sich bedroht durch billigere und, wie sie meinten, minderwertige Produkte aus Deutschland.

1887 schließlich hatte das britische Parlament die Nase voll und beschloss, sich gegen die Konkurrenz aus dem Billiglohnland zu wehren: Der «Merchandise Marks Act» wurde beschlossen, fortan mussten in Deutschland hergestellte Produkte mit der Kennzeichnung «Made in Germany» versehen werden. Im Ersten Weltkrieg dehnte man diese Bestimmung auch auf andere Länder aus, es gab dann auch Bezeichnungen wie «Made in Austria/Hungary».

Am Anfang galt das Zeichen noch als Makel und wurde teilweise sehr verschämt an den Produkten angebracht. So wird erzählt, dass ein deutscher Nähmaschinenhersteller den «Made in Germany»-Schriftzug an der Unterseite des Fußtrittes anbrachte. Erst im Lauf der Jahre wurde aus der Diskriminierung ein Qualitätsmerkmal und «Made in Germany» zum Synonym für «deutsche Wertarbeit».

Es gibt übrigens keine Instanz, die dieses Prädikat verleiht, und deshalb auch keine Definition, was es überhaupt bedeutet. Heute werden viele «Made in Germany»-Produkte nur noch in Deutschland zusammengebaut, während die Einzelteile im Ausland produziert werden.

WELL! ZUGEGEBEN: IHR DEUTSCHER SCHERZ-FLAMMENWERFER IST LUSTIGER ALS MEINE ENGLISCHE SCHERZ-PISTOLE.
BANG
MADE IN GERMANY

Zucker ist ein Vitaminräuber

Stimmt nicht. Seinen Ruf als «Vitaminräuber» hat der Zucker daher, dass bei seiner Verarbeitung im Körper das Vitamin B_1 (Thiamin) als Coenzym wirksam wird. Für 250 Gramm Zucker (entspricht 1000 Kilokalorien) sind 0,3 Milligramm Thiamin vonnöten. Das Vitamin wird dabei aber nicht verbraucht, es steht nach dem Stoffwechsel wieder zur Verfügung.

Außerdem nimmt jeder von uns, der sich noch von etwas anderem ernährt als von reinem Kristallzucker, täglich etwa zwei Milligramm Thiamin aus anderen Quellen zu sich – genug also, um fast anderthalb Kilo Zucker zu verdauen.

Es gibt zwar Menschen, die unter Vitamin-B_1-Mangel leiden, aber das hat wenig mit dem Zuckergenuss zu tun. Häufig ist der Alkoholkonsum schuld, denn Alkohol hemmt tatsächlich die Aufnahme von Thiamin in den Körper.

Man kann dem Zucker also viel Böses nachsagen, etwa dass er dick macht und die Zähne schädigt – aber der Vorwurf, dass er Vitamine raubt, ist unberechtigt.

BEI "RÄUBER HOTZENPLOTZ" WAR ES EINE KISTE, AUF DER "GOLD" GESCHRIEBEN STAND. WIR LOCKEN DEN VITAMIN-"RÄUBER ZUCKER" HIERMIT AUS SEINEM VERSTECK.
VITAMINE
DIESE AUSSICHT AUF TABLETTEN SO GROSS WIE WAGEN-RÄDER ...

Am Toten Meer bekommt man keinen Sonnenbrand

Stimmt nicht. Kurz nachdem ich die Antwort auf diese Frage in der *Zeit* veröffentlicht hatte, bekam ich die folgende E-Mail eines Lesers: «Ich war zufällig genau an diesem Datum am Toten Meer, und am ersten Tag bin ich beim Sonnenbaden für knapp eine Stunde eingeschlafen. Beim Aufwachen war mein ganzer Oberkörper verbrannt, ich war komplett rot, und ich konnte tagelang nachts vor Schmerzen kaum schlafen.»

Aber ich hatte mich auch entsprechend vorsichtig ausgedrückt: Die schädliche Strahlung mag dort reduziert sein, gänzlich harmlos ist sie nicht. Das Ufer des Toten Meers in Israel ist die tiefstgelegene Stelle auf der Landmasse der Erde – 400 Meter unter dem Meeresspiegel. Das Wasser dieses Sees ohne Abfluss zum Meer ist das salzigste der Welt, und die Kombination aus Salzwasser und Sonnenlicht ist eine gute Therapie gegen allerlei Hautkrankheiten, vor allem die Schuppenflechte. Und dazu trägt tatsächlich bei, dass man am Toten Meer zumindest sehr viel länger in der Sonne bleiben kann als anderswo, ohne einen Sonnenbrand zu bekommen.

Sonnenbrand wird durch ultraviolette Strahlen erzeugt. Dabei unterscheidet man innerhalb des UV-Spektrums noch die Bereiche UVA und UVB. Für die Bräunung (und auch für die Schädigung) der Haut sind beide Bänder verantwortlich, aber den Sonnenbrand erzeugen nur die kurzwelligen UVB-Strahlen – und just die werden von der Atmosphäre über dem Toten Meer besonders gut absorbiert. Es kommen 30 Prozent weniger am Boden an als im nahe gelegenen Beerscheba, das 300 Meter über dem Meeresspiegel liegt.

Es gibt zwei Gründe für diese verstärkte Absorption: Erstens müssen die Sonnenstrahlen am Toten Meer eine dickere Luftschicht durchqueren. Und zweitens verdunsten aus dem See durch die Hitze ständig große Mengen Wasser, das dann als Dunstschleier in der Luft hängt und besonders gut UVB-Strahlen schluckt.

Auch wenn die UV-Therapie etwa Psoriasis-Kranken empfohlen wird – harmlos ist sie nicht. Der Sonnenbrand hat auch eine Warnfunktion, und so läuft man am Toten Meer Gefahr, zu viele Strahlen abzubekommen.

Man schwitzt auch beim Schwimmen

Stimmt. Auch wenn das Schwitzen im Wasser eigentlich völlig nutzlos ist. Denn der Sinn der Schweißabsonderung liegt ja darin, dass die Flüssigkeit verdunstet und dadurch dem Körper Wärme entzieht.

Nach einer griechischen Legende soll das Meer durch den Schweiß salzig geworden sein, den Herkules und ein großer Wal bei ihrer Verfolgungsjagd absonderten. In der Moderne, bis in die achtziger Jahre, ging man davon aus, dass der Mensch beim Schwimmen nicht schwitzt – warum sollte der Körper Energie in eine solche unnütze Aktivität investieren? Erst in den letzten Jahren hat man durch sorgfältiges Wiegen von Leistungsschwimmern festgestellt: Die verlieren tatsächlich beim Schwimmen Gewicht – durch Schweiß.

Unsere Körperwärme wird durch Sensoren geregelt, die ähnlich wie ein Thermostat funktionieren: Überschreiten wir eine gewisse Körpertemperatur, so erhalten die Schweißdrüsen das Kommando zur Produktion, die so lange anhält, bis wieder eine erträgliche Temperatur erreicht ist.

Aber die Sensoren im Körperinneren erhalten von der Haut keine Information darüber, dass der Mensch sich größtenteils unter Wasser befindet. Deshalb arbeiten die Schweißdrüsen auch dann, wenn das Schwitzen überhaupt nichts bringt.

Allerdings tritt im Wasser die Situation viel seltener auf als an der Luft. Wasser leitet die Wärme schneller ab – deshalb friert man ja auch bei einer Wassertemperatur, die man in der Luft als angenehm empfindet. Der Schwitzmechanismus kommt erst bei sehr starker Anstrengung in Gang, etwa bei Wettkampfschwimmern. Dann ist der Effekt aber messbar: Leistungs-

WUSSTEN SIE, DASS MAN AUCH BEIM SCHWIMMEN INS SCHWITZEN KOMMEN KANN ?
INFORMATION
INFORMATION ANNAHME
OH GOTT! DEN GANZEN TAG NEBEN DEM TYP.

sportler verlieren gemäß der Staatsexamensarbeit von Uwe Wöllstein von der Universität Mainz pro Stunde etwa einen Drittelliter Wasser.

Nach dem Erscheinen der Kolumne in der *Zeit* schrieb mir übrigens ein Leser, dass ihm einmal bei einer vermeintlichen Begegnung mit einem Hai beim Baden im Meer der Angstschweiß ausgebrochen sei. Letztlich habe es sich aber um einen Delphin gehandelt.

Um heil über heiße Kohlen zu laufen, braucht man übersinnliche Kräfte

Stimmt nicht. Der Lauf über Kohlen wird gern in Motivations- oder Esoterikseminaren eingesetzt – als Beweis dafür, dass der Mensch das scheinbar Unmögliche zu tun vermag, wenn nur der Geist die Herrschaft über den Körper hat. Aber man kann auf all dieses Psycho-Drumherum getrost verzichten – übernatürliche Kräfte braucht niemand zum Feuerlaufen, lediglich eine gute Portion Mut ist erforderlich. Was dabei passiert, lässt sich mit ganz herkömmlicher Physik gut erklären.

Auch wenn in Prospekten oft von 1000 Grad und mehr die Rede ist, hat man in Holzkohleglut nur Temperaturen von 250 bis 500 Grad gemessen. Holz und vor allem die Asche, von der die glühenden Holzstückchen umgeben sind, sind jedoch keine guten Wärmeleiter. Die Kontaktfläche zwischen Fuß und Kohle ist klein, die Kontaktzeit kurz: Sie beträgt beim zügigen Gehen (und das ist unbedingt angeraten!) nur wenige Zehntelsekunden. Außerdem leitet unser Blutkreislauf lokale Hitze schnell ab. Und schließlich mindert der stets vorhandene natürliche Fußschweiß die Wirkung, weil zu seiner Verdunstung Energie verbraucht wird und eine zusätzlich isolierende Dampfschicht entsteht. Lauter Faktoren also, die akute Verbrennungen verhindern. Meistens jedenfalls …

Trotzdem kann das Feuerlaufen höllisch wehtun. Am gefährlichsten sind Glutstückchen, die am Fuß kleben bleiben und für kleine, aber schmerzhafte Brandblasen sorgen. Deshalb sollte man unmittelbar nach dem Lauf alle Glut- und Aschereste vom Fuß abstreifen. Und selbstverständlich gilt: Jeder läuft auf eigene Gefahr.

An Händen und Füßen kann man keinen Sonnenbrand bekommen

Stimmt nicht. Zwar bekommt kaum jemand an diesen Körperstellen einen Sonnenbrand – aber das liegt vor allem daran, dass Handflächen und Fußsohlen nur selten direkt der Sonne ausgesetzt sind. «Die Entwicklung eines Sonnenbrands ist eine Funktion der Strahlungsintensität und der Verhornungsdicke», sagt Heinrich Raskokat, Dermatologe an der Universität Köln. Das heißt: Hornhaut bietet einen gewissen Schutz vor der Sonne. Die Dicke der Hornhaut ist individuell verschieden. Vor allem Kinder, die auf dem Bauch am Strand liegen und die Fußsohlen in die Sonne halten, können dort einen Sonnenbrand bekommen – und der ist dann sogar besonders schmerzhaft. Für Erwachsene schätzt Heiner Gers-Berlag, Sonnenschutzexperte bei der Firma Beiersdorf, den Lichtschutzfaktor durch die Hornhaut auf etwa drei bis vier.

Weil das Sonnenbrandrisiko an Händen und Füßen generell geringer ist, hat die Evolution an diesen Hautpartien auf Pigmente verzichtet. Wir werden dort nicht braun, und selbst Schwarze sind an diesen Stellen «weiß» – und entsprechend sonnenbrandgefährdet.

Wenn die Röcke kürzer werden, wächst die Wirtschaft

Stimmt nicht. 2007 wurde die alte These mal wieder hervorgeholt: Endlich ist der Aufschwung in Deutschland da, und prompt rutschen die Rocksäume nach oben. Miniröcke bedeuten Lebens- und damit Konsumfreude, so eine Erklärung.

Zunächst einmal lehrt die Statistik, dass Korrelationen nichts mit Kausalität zu tun haben. Das heißt: Wenn zwei Messgrößen sich irgendwie parallel entwickeln, dann bedeutet das noch lange nicht, dass die eine die Ursache für die andere ist. Der Zusammenhang kann rein zufällig sein, oder es kann eine verborgene dritte Größe dahinterstecken. Um das Beispiel mit den Klapperstörchen und den Geburten (siehe Seite 62) nicht noch einmal zu strapazieren: Wenn viel Speiseeis verkauft wird, ertrinken mehr Kinder – nicht aufgrund des Eiskonsums, sondern weil in heißen Sommern mehr Eis gegessen wird und gleichzeitig die Kinder mehr schwimmen gehen.

Die wirtschaftliche «Rocklängentheorie» stammt aus den frühen siebziger Jahren, als die Minirock-Welle gerade abflaute und parallel die Wirtschaft in eine Krise geriet. Neben anderen verfolgte der Verhaltensforscher Desmond Morris die Entwicklung der Rocklänge zurück bis in die zwanziger Jahre, und tatsächlich folgte die Höhe des Saums ziemlich genau dem Dow Jones: Goldene Zwanziger – kurze Charleston-Röcke. Weltwirtschaftskrise – Röcke länger. Und so weiter bis zum Post-Hippie-Ölkrisen-Maxi.

Die Erklärung, dass Frauen in wirtschaftlichen Boomzeiten unabhängiger seien und selbstbewusster ihren Körper präsentierten, klingt mäßig plausibel. Aber letztlich ist die ganze

OB, WENN RÖCKE KÜRZER WERDEN, DIE WIRTSCHAFT WÄCHST? WEISS NICHT. WEISS NUR: JE ÄLTER MÄNNER, DESTO WEITER OBEN DER HOSEN-BUND. MEIN ZIEL: SPÄTER MAL DURCH DEN HOSENSTALL GEFÜTTERT WERDEN.
PRESS

Geschichte eine Anekdote, die in den vergangenen 30 Jahren an Überzeugungskraft verloren hat. Die Daten zu Rocklänge und Wirtschaft stimmen längst nicht mehr so schön überein. Und wo es keine Korrelation gibt, gibt es auch nichts zu erklären.

Abgesehen davon, dass es für den Rocksaum eine natürliche obere Grenze gibt, für die Börse aber nicht: Die Mode ist unübersichtlicher geworden, und bei der vorletzten Mini-Welle vor einigen Jahren ist zumindest in Deutschland der Aufschwung ausgeblieben.

Es ist gefährlich, beim Tanken mit dem Handy zu telefonieren

Stimmt nicht. Die Angst vor einer Explosion ist doch eher unbegründet. Es gibt zwei mögliche Wege, über die ein Handy theoretisch die Benzindämpfe, wie sie beim Tanken in der Nähe des Tankstutzens herumwabern, entzünden könnte. Erstens durch das elektromagnetische Feld, das die Antenne erzeugt. Diese Gefahr hat der amerikanische Ingenieursverband im Jahr 2002 untersucht. Ergebnis: Eine metallische Antenne müsste mindestens eine Leistung von sechs Watt abgeben, damit überhaupt die theoretische Möglichkeit einer Entzündung besteht. Die ersten Handys hatten Leistungen um 20 Watt, heute liegen die Werte deutlich unter einem Watt – also keine Gefahr mehr.

Die zweite Möglichkeit: Ein Funke bringt die Dämpfe zur Explosion. Aber weder Klingelton noch Tastendruck erzeugen in einem Mobiltelefon Funken. Denkbar wäre höchstens, dass das Handy auf den Boden fällt und die Batterie herausgleitet. Diesen Fall haben mehrere Forschungsinstitute untersucht. Der übereinstimmende Tenor: theoretisch möglich, praktisch nicht relevant. Funken beim Tanken haben zwar schon zu Unfällen geführt, aber die entstanden, weil ein elektrostatisch aufgeladener Fahrer an die Zapfpistole oder den Einfüllstutzen fasste.

Und was ist mit den angeblich dokumentierten Fällen, in denen Autofahrer mit ihrem Handy Tankstellen in Brand gesetzt haben? Diese Beispiele, von denen in Internetrundmails die Rede war (teilweise unter dem – gefälschten – Absender der Firma Shell), sind alle nicht dokumentierbar. Das amerikanische Petroleum Equipment Institute hat 150 Fälle von Entzündungen untersucht, bei denen es keine offene Flamme

AH, DER TANKWART!
HANDYBENUTZUNG AN DER TANKSTELLE UNTERSAGT? EIGENTLICH GIBT ES KEINEN PLAUSIBLEN GRUND, ABER ICH HÖR' MAL AUF.

gegeben hatte – in keinem Fall konnte ein Handy dafür verantwortlich gemacht werden. Die wenigen Brandfälle an Tankstellen, bei denen ein eingeschaltetes Mobiltelefon an der Unfallstelle zugegen war (was heute ohnehin höchst wahrscheinlich ist), konnten auf andere Ursachen zurückgeführt werden. Zu einem ähnlichen Ergebnis kam der Forscher Adam Burgess von der englischen University of Kent, der 243 Tankstellenbrände untersuchte.

Wenn der Tankstellenpächter den Handybetrieb untersagt, sollte man sich dran halten, um Ärger zu vermeiden – einen plausiblen Grund dafür gibt es aber nicht.

Register

S 4/2

© Klaus Kallabis

Christoph Drösser

Stimmt's, Herr Drösser, dass Ihre Bücher süchtig machen?

Stimmt's?
Moderne Legenden im Test
rororo 60728
«Bier auf Wein, das lass sein – Wein auf Bier, das rat ich dir.» Stimmt's? Alltagsweisheiten auf dem Prüfstand.

Stimmt's?
Noch mehr moderne Legenden im Test. rororo 60933

Stimmt's?
Neue moderne Legenden im Test
rororo 61489

Stimmt's?
Freche Fragen, Lügen und Legenden für clevere Kids
rororo 21310
Stimmt's, dass Pinguine umfallen, wenn Flugzeuge über sie hinwegfliegen? Gähnen ansteckend ist? Pupse brennbar sind? Schokolade süchtig macht? Christoph Drösser, Redakteur der «Zeit» und science-Buchautor, macht Schluss mit Lügen und Legenden.

Stimmt's?
Moderne Legenden im Test – Folge 4
Auch nach acht Jahren reißt der Strom der Fragen nicht ab, mit denen die «Zeit»-Leser Christoph Drösser löchern. Hier sind 100 Themen aus den letzten drei Jahren versammelt.

rororo 62064

Weitere Informationen in der Rowohlt Revue oder unter www.rororo.de